Das große Buch der
GARTEN-IDEEN

Das große Buch der
GARTEN-IDEEN

1000 praktische Tipps
für Garten und Terrasse

Sharon Amos und Richard Rosenfeld

Die Deutsche Bibliothek – CIP-Einheitsaufnahme

Das große Buch der Garten-Ideen : 1000 praktische Tipps für Garten und Terrasse /
Sharon Amos ; Richard Rosenfeld. [Aus dem Engl. von Ana Bator]. – Köln : DuMont, 2000
(Monte von DuMont)

Einheitssacht.: The ultimate gardening book <dt.>

ISBN 3-7701-8589-7

Erstveröffentlichung durch Kiln House Books,
Kiln House, 210 New Kings Road, London SW6 4NZ, England 1999
© 1999 Kiln House Books
© der Abbildungen s. Fotonachweis auf Seite 448,
für alle dort nicht genannten Abbildungen © Kiln House Books
Titel der englischen Originalausgabe *The Ultimate Gardening Book*
Aus dem Englischen von Ana Bator
Redaktion und Herstellung der deutschen Ausgabe: Angelika Franz, München

© 2000 der deutschsprachigen Ausgabe: DuMont Buchverlag, Köln
Alle deutschsprachigen Rechte vorbehalten
Printed and bound in China

ISBN 3-7701-8589-7

Inhalt

Ihr Garten
Einleitung

Viele verschiedene Stile und eine immens große Auswahl an Pflanzen stehen für die Gartengestaltung zur Verfügung. Dieses Buch soll Ihnen als Inspirationsquelle dienen und helfen, einen individuellen Stil zu entwickeln.

GARTEN IM KLASSISCHEN STIL
Dieser weitläufige, gepflegte Garten (links) vereint Rasen und klar abgegrenzte Rabatten mit Sträuchern und Rosen (oben), wodurch er eine formale Wirkung bekommt.

Einleitung

Einen Garten neu anzulegen oder einen bereits existierenden umzugestalten ist stets eine Herausforderung. Gleichzeitig bietet Ihnen diese Aufgabe aber auch die Möglichkeit, Ihre ganz persönlichen Vorstellungen von einem Garten zu verwirklichen. Doch wo soll man anfangen? Das Angebot an Pflanzen und Gartenzubehör ist verwirrend groß. Dieses Buch will Sie anregen und Ihnen helfen, für Ihren Wunschgarten die geeigneten Dinge zu finden. Es ist voller Ideen für viele verschiedene Gartenstile – vom kleinen Hinterhofgarten mit Pflanzgefäßen bis zum formalen Garten, zum Trockengarten oder zu Teichanlagen. Werden Sie sich zunächst darüber klar, was Sie anzieht und welche Atmosphäre Sie herstellen möchten, aber auch, wie Sie Ihren Garten nutzen wollen – als Ort zum Entspannen und Unterhalten, als Spielplatz für die Kinder, zum Ziehen von Schnittblumen, Kräutern oder Gemüse oder als Rückzugsort. Dann überlegen Sie, wie Sie Ihre Wünsche auf dem zur Verfügung stehenden Raum verwirklichen können.

Der erste Teil des Buches befasst sich detailliert mit Höfen, Patios und Bereichen rund ums Haus und zeigt, wie sie mit Topfpflanzen verschönert werden können. Eingänge, Treppen, Sitzplätze, Fensterkästen und Fensterbretter lassen sich mit Pflanzen lebendig gestalten – und selbst der kleinste Platz auf einem Balkon oder Dach wird mit einigen Töpfen voll farbenprächtiger und duftender Pflanzen zum Leben erweckt. Auch geräumige Innenhöfe profitieren von sorgfältig platzierten Pflanzgefäßen.

Sie finden Anregungen für Pflanzungen, die den Jahreszeiten entsprechen, besondere Farbkombinationen aufweisen oder nur Blattpflanzen beinhalten. Zusammen mit dem »Tipp des Gärtners«, der auf geeignete Pflanzen hinweist, können Sie das Passende für Ihren Garten auswählen.

Auch in einem fertigen Garten lassen sich Pflanzgefäße für spezielle Zwecke einsetzen. So kann man etwa Kräuter für die Küche oder Steingartenpflanzen und Sukkulenten ziehen, ein kleines Wasserelement schaffen oder dem Garten einfach ein dekoratives Element hinzufügen – den Möglichkeiten sind keine Grenzen gesetzt.

Das zweite große Kapitel, »Der blühende Garten«, ist eine Einführung in das herrliche Reich der Beetpflanzen. Die Bepflanzung von Rabatten und Beeten muss gut durch-

FRÜHLINGSARRANGEMENT

GEGENÜBER: Um dieser Rabatte in einem Innenhof im Spätfrühling etwas Farbe zu verleihen, wurde vor sie ein Topf mit gelben Stiefmütterchen und violetten Veilchen gestellt.

GEWAGTE KOMBINATION

RECHTS: In Rabatten und Beeten kann man verblüffende Kombinationen von Blütenfarben herstellen. Das Rot der Rose und das Violett des Prärieenzians (Eustoma) ergeben zusammen mit dem Orange der Ringelblumen (Calendula) einen überraschenden Effekt.

GRÜN UND BERUHIGEND

UNTEN LINKS: Ein Kiesweg führt durch diesen herrlichen, formal angelegten weiß blühenden Garten. Die geometrischen Beete sind mit niedrigen Hecken aus Buchsbaum (Buxus) *eingefasst.*

HARMONIE IN ROT

UNTEN RECHTS: Diese Frühlingsrabatte mit rosaroten und roten Tulpen zeigt, dass kräftige Farben für sofortige Wirkung sorgen.

dacht sein, damit sie die beste Wirkung entfaltet. Es werden Anregungen gegeben, um Beete das ganze Jahr über interessant zu gestalten. Bäume und Sträucher bilden den Rahmen, in dem Stauden, Zwiebelblumen und Einjährige während ihrer Blüte jeweils am besten zur Geltung kommen. Immergrüne Bäume und Sträucher sind unverzichtbarer Bestandteil des Gartens, geben sie doch einen beständigen Hintergrund für die wunderbare Blütenpracht ab. Aber auch sommergrüne Gehölze sollten nicht vernachlässigt werden – ihr schön gefärbtes Laub sorgt im Herbst für einen einzigartigen Effekt. In diesem Kapitel werden auch Kletterpflanzen und hohe Gewächse behandelt, wie zum Beispiel duftende Rosen und Waldreben *(Clematis),* die am rückwärtigen Rabattenrand eingesetzt werden.

Farbe ist der Schlüssel zu einem gelungenen Garten. Man kann aus der ganzen Farbpalette von Blättern und Blüten auswählen, um eine ansprechende Komposition zu schaffen. Die leuchtenden und warmen Orange- und Rottöne bilden lebhafte Effekte, während blaue, rosarote und violette Nuancen für eine ruhige, eher romantische Atmosphäre sorgen. Die größte Wirkung erzielt man mit einer Ton in Ton gehaltenen Rabatte; Farbzusammenstellungen bringen dagegen äußerst unterschiedliche Ergebnisse hervor. Harmonierende Kompositionen wie Silber, Blau und Weiß oder Gelb, Orange und Rot gelingen immer. Starke, kontrastreiche

Anblicke bieten Violett und Gelb oder Rosarot und Orange. Eine Auswahl von Pflanzen in verschiedenen Farbtönen schließt diesen Teil des Buches ab.

Das dritte große Kapitel widmet sich den verschiedenen Gartenstilen und ihren Struktur gebenden Elementen. Von der Art der Nutzung hängt die Auswahl der Pflanzen und die Gestaltung des Gartens ab, die entweder einen formalen oder einen naturnahen Stil aufweist. Werden Sie sich darüber klar, ob Sie im Freien essen oder lieber in der Sonne ausspannen möchten, an einem Rückzugsort der Welt entfliehen oder das Plätschern von Wasser genießen wollen. Sie werden feststellen, dass ein Garten dem eigenen Lebensstil entsprechen muss. Dazu gehört auch die Gartenarbeit. Wie viel Zeit will und kann man für sie aufbringen? Ein Rasen muss beispielsweise regelmäßig gepflegt werden, während eine gepflasterte Fläche weniger Aufwand erfordert. Beständige Elemente, wie Wege, Mauern, Treppen und harte Beläge, bilden das »Gerüst« eines Gartens. Entweder man benutzt die bereits vorhandenen Strukturen oder man fügt neue hinzu; Holzdecks, Bogen, Hochbeete und Tore können den eigenen Stil unterstreichen.

Ist die Struktur des Gartens hergestellt, kann man sich den Pflanzen widmen. Dabei ist es wichtig zu wissen, welcher Bodentyp vorherrscht, wie viel Sonne und Schatten vorhanden sind, aber auch, welchen Effekt die Pflanzen haben sollen. Sie können entweder nur für sich allein wirken oder den Besucher durch Blickachsen durch den Garten leiten und mit herrlichen Blüten und Blättern erstaunliche Blickfänge bilden. Der Garten sollte das ganze Jahr über schön sein, nicht nur im Sommer, wenn er vor Leben strotzt. Dieser Abschnitt bietet Vorschläge für saisonale Arrangements und spezielle Pflanzen, wie etwa Kletterpflanzen für Mauern und Holzgitter oder für sonnige und schattige Plätze.

Das Kapitel »Gartenthemen« beinhaltet Anregungen, wie Sie Ihren Garten individuell gestalten können. Ein blühender Bauerngarten beispielsweise erhält mit Stockrosen (*Alcea rosea*) und Kletterrosen einen romantischen Touch, während er mit geschnittenen Strauchrosen inmitten von niedrigen formierten Buchsbaumhecken die Strenge eines eleganten Rosengartens annimmt. Blumen erfreuen im Garten und im Haus – weshalb sollten Sie nicht einen Bereich zum Ziehen von Schnittblumen freihalten?

Wassergärten haben einen besonderen Reiz. Die Einbeziehung von Wasser kann sowohl durch einen Wandbrunnen als auch ein formales Becken oder einen naturnahen Teich geschehen. Wasser wirkt beruhigend und stellt – neben Kiesel und größeren Steinen – oft das wich-

WASSERGARTEN

UNTEN: *Dieser naturnah gestaltete Teich ist von Felsblöcken und Palmen umgeben und vermittelt in dem sonnigen Garten eine kühle Atmosphäre.*

tigste Element in einem fernöstlich geprägten Garten dar. Dieser Typ eines Trockengartens kann in jedem Klima realisiert werden, doch manch anderer passt nur in heiße, sonnige Regionen. Wüsten- und Steingartenpflanzen gedeihen in direkter Sonne: Kakteen und andere Sukkulenten bieten in einem Trockengarten einen außergewöhnlichen Anblick.

Wer nicht die passenden Bedingungen für einen Garten im Wildweststil vorweisen kann, dafür jedoch einen schattigen Bereich, sollte eine Anlage mit Pflanzen, die in Wäldern gedeihen, in Betracht ziehen. Es gibt viele, die der dunkelsten Ecke bunte Tupfen hinzufügen. Wildblumen und Gräser sorgen ebenfalls für einen naturnahen Anblick – und bestimmte Pflanzen ziehen sogar Bienen und Schmetterlinge an und bringen dadurch ein ganz neues Element in den Garten.

Für Freizeitgärtner, die gern selbst gezogenes Gemüse essen, ist ein Küchengarten ein Muss. Mit Bedacht geplant, ist er genauso dekorativ wie Gärten voll Blütenpflanzen. Bei ent-

RUHIGE OASE
UNTEN: *Dieser ruhige und pflegeleichte Dachgarten ist von Holzgittern umgeben, die als Windschutz dienen.*

KLARER STIL

GEGENÜBER: In diesem individuell gestalteten Garten wurde Farbe effektiv eingesetzt.

HERRLICHE PALMLILIE

UNTEN LINKS: Architektonisch wirkende Pflanzen sind wichtige Gestaltungselemente in einem Garten. Palmlilien (Yucca) *eignen sich für warme, sonnige Plätze.*

SONNE UND SCHATTEN

UNTEN RECHTS: Das Gitterwerk auf der Mauer wirft an diesem heißen Standort willkommenen Schatten.

sprechender Planung und Pflege bietet ein Küchengarten ununterbrochen frisches Gemüse, Salat und Obst. Kräuter ergänzen sowohl einen Küchen- als auch Blumengarten. Viele sind sehr dekorativ und verschönern jeden Garten, ob einen traditionellen Potager oder einen gewöhnlichen Topfgarten.

In jedem Kapitel bietet der »Tipp des Gärtners« Hilfe bei der Auswahl von Pflanzen für einen bestimmten Zweck. Wie man den Garten das ganze Jahr über in einem guten Zustand hält, lässt sich den praktischen Hinweisen im »Gartenkalender« am Ende des Buches entnehmen. Eine Liste mit Pflanzenempfehlungen ermöglicht es, schnell und einfach für eine spezielle Situation die richtigen Pflanzen zu finden.

Gärtnern ist ein äußerst befriedigender Zeitvertreib. Man kann so viel oder so wenig Zeit damit verbringen, wie man möchte – die Mühe wird immer belohnt. Man sollte sich jedoch darüber klar werden, wie man den Garten nutzen und wie viel Zeit man ihm widmen will. Die Arbeit in einem Garten sollte ein Vergnügen und keine Qual sein. Bei guter Planung bietet er zu jeder Jahreszeit Höhepunkte. Ist der Garten einmal etabliert, können Sie sich zurücklehnen und den Rest der Natur überlassen. Lassen Sie sich von den Ideen in diesem Buch anregen, um Ihren ganz persönlichen Stil zu finden. Mit etwas Geduld und Phantasie werden Sie einen Garten kreieren, der Ihnen über Jahre hinweg Freude bereiten wird.

Gestaltung
mit Gefäßen

Rund ums Haus

Verschönern Sie Ihren Garten oder Hof mit farbenprächtigen Topfpflanzen. Sie lassen sich in jedem Gefäß ziehen und schmücken Mauern und Treppen oder rücken Gestaltungselemente rund ums Haus in den Vordergrund. Mit Topfpflanzen kann man sogar einen Dachgarten gestalten.

HÜBSCHE ERGÄNZUNG
Auf kleinem Raum bieten Topfpflanzen in verschiedenen Höhen einen lebendigen zusätzlichen Reiz (links). *Auch Stiefmütterchen* (Viola tricolor) *eignen sich hierfür* (oben).

IN MINIMALISTISCHEM STIL

LINKS: *Eine ansprechende, schlichte Architektur erfordert eine umsichtige Platzierung von Topfpflanzen. Da die Gefäße selbst einen Blickfang darstellen, sollten Sie die schönsten – wie etwa diesen Ölkrug – in den Vordergrund stellen.*

IM VERSAILLER STIL

RECHTS: *Die Versailles-Kübel mit Liguster-Hochstämmen* (Ligustrum), *immergrünem hängendem Efeu* (Hedera) *und Petunien verleihen dem Eingang ein imposantes Ambiente.*

IM LANDHAUSSTIL

UNTEN LINKS: *Der Eingang von der Straße lässt sich am besten mit Topfpflanzen beleben, die zur Türe hin höher werden, sodass Blüten die Gefäße verdecken. Hier umrahmt eine herrlich duftende Rose den Eingang.*

Eingänge

Es spielt keine Rolle, in welchem Stil Ihr Haus erbaut ist und ob es repräsentativ oder ungezwungen wirkt – mit Topfpflanzen lässt sich jede Gestaltung unterstreichen. Die Regel dafür ist denkbar einfach: Für einen strengen, klaren Baustil eignen sich »architektonische« Pflanzen. Ein Paar Immergrüne wie Lorbeerbaum (zum Beispiel *Laurus nobilis* oder die gelblaubige Sorte 'Aurea') oder Buchsbaum *(Buxus)* schmückt eine Eingangstür. Einen auffallenderen Effekt stellen zwei Reihen von Immergrünen dar, die den Zugang flankieren. Dabei sollte die Höhe der Pflanzen von der Straße zur Tür zunehmen, sodass am Eingang die höchsten stehen. Formierte Hochstämme gibt es fertig zu kaufen – man kann ihnen jedoch auch selbst die gewünschte Gestalt verleihen.

Landhäuser erfordern ein anderes Entree: Die Pflanzen dürfen hier ruhig die Architektur in den Hintergrund drängen. Farben und Düfte sollten überschwänglich vertreten sein. Experimentieren Sie mit unterschiedlichen Arrangements – von Engelstrompeten bis Lilien, von Bougainvilleen bis Fuchsien und von kletterndem Nachtschatten bis zu Pelargonien und Kapuzinerkresse.

SOMMERLICHER ANBLICK

LINKS: Dieses hochsommer-liche Arrangement besteht aus weißen Strauchmargeriten (Argyranthemum frutescens), Petunien, Lobelien und rosaroten Lavatera.

FRÜHLINGSHAFTE TÖPFE

GEGENÜBER: Falls Zwiebelpflanzen in Beeten keinen Platz finden, stellen Treppen eine Alternative dar. In den Töpfen gedeihen Tulpen mit Stiefmütterchen, eine Alpenrose sowie eine Funkie.

GRÜN IN GRÜN

UNTEN: Pyramidenförmiger Efeu, Buchsbaum und Petersilie führen zu weißen Petunien am Fuß der Treppe.

Treppen

Wie Wege werden Treppen oft zu Unrecht vernachlässigt. Dagegen lässt sich mit vielen Topfpflanzen die Wirkung von harten Oberflächen abmildern und zugleich ein eigener Stil schaffen. Eine schlichte Treppe, die von einer Reihe Topfpflanzen gesäumt ist, zieht die Blicke auf sich.

Besonders gut eignen sich Immergrüne, da sie selbst die düstersten Treppen das ganze Jahr über freundlich gestalten. Es gibt drei Möglichkeiten, sie zu arrangieren: Man kann mehrere gleiche Pflanzen, etwa hohe, schlanke Koniferen, auf den Stufen platzieren. Oder man setzt viele verschieden geformte Immergrüne ein, von minikugeligen bis pyramidenförmigen. Ambitionierte Freizeitgärtner können auch versuchen, vom Treppenansatz bis zum -ende immergrüne Topfpflanzen verschlungen emporwachsen zu lassen. Dekorative Treppen benötigen nur zweimal im Jahr etwas Auffrischung: im Frühjahr mit einigen Töpfen Frühlingstulpen und im Spätsommer mit Farbtupfen, wie sie Fuchsien bieten. Farne eignen sich hervorragend für schattig liegende Treppen.

KLEINE ENKLAVE

LINKS: Eine Enklave aus einem stufen-förmigen Arrangement entsteht am ein-fachsten, indem man die Gefäße in ver-schiedenen Höhen platziert: zunächst auf dem Boden, dann auf Sockeln und sogar auf hölzernen Borden, die auf gro-ßen, kräftigen Töpfen liegen.

TISCHSCHMUCK

RECHTS: Wird der Tisch nicht zum Essen benutzt, bietet er eine Fläche für Topf-pflanzen. Die flachen Schalen mit Petu-nien und Maßliebchen (Bellis) auf dem Tisch harmonieren mit den gemischt bepflanzten Gefäßen auf dem Boden.

SITZGRUPPE IM FREIEN

UNTEN LINKS: Großzügige Sitzplätze brauchen einen passenden Hintergrund. Die schönen Immergrünen ergänzen die betonte Schlichtheit der Gruppe.

Sitzplätze

Mit Topfpflanzen lässt sich die Gartenbepflanzung bis in die Nähe von Sitz-plätzen ausdehnen. Stühle und Bänke, die geschickt mit Töpfen und Ampeln umgeben sind, erhalten einen farbenprächtigen Akzent. Welken die Pflanzen, so ersetzt man sie einfach durch blühende. Auf diese Weise werden Sitzplätze in den gesamten Garten integriert, sodass man an ihnen entspannen und die Pflanzen betrachten kann. Pflanzen mit üppiger Blüte, schönen Formen und gutem Duft sind vorzuziehen. Sommerblumen, besonders Petunien, stehen an erster Stelle, formierte Immergrüne an zweiter. Für Duft im Frühling sor-gen Formen von Jonquillen *(Narcissus jonquilla)* und Hyazinthen *(Hyacinthus orientalis),* gefolgt von Flieder *(Syringa)* und Sommerjasmin *Philadelphus microphyllus* im Hochsommer. Kleine Rosen, wie die purpurrote 'Empereur du Maroc', die 1,20 m hoch wird und die Hauptblüte im Hochsommer hat, sind ebenfalls empfehlenswert. Die etwas kleinere rosarote Edelrose 'Anna Pavlova' blüht dagegen die gesamte Saison. Der Sitzbereich sollte an einem geschützten Platz liegen, damit sich der Blütenduft ausbreiten kann.

Wintergärten

Für die Winterzeit sollte man ein Gewächshaus oder einen Wintergarten in Betracht ziehen. In ihnen gedeihen mehr Pflanzen, als man denkt – von nicht winterharten Zitrusgewächsen wie *Citrus* x *meyeri* 'Meyer', die feuchte Bedingungen benötigen und das ganze Jahr über für frische Zitronen sorgen, bis zum Jasmin *Jasminum polyanthum*. Frostempfindliche Pelargonien danken den Schutz mit vielen Blüten. In verschiedenen Töpfen kann eine große Auswahl gezogen werden. Wintergärten müssen sowohl über viel Licht, eine gute Isolation, Heizung und etwas Luftfeuchtigkeit verfügen als auch über eine Schattierung, sodass die Pflanzen im Sommer nicht verbrennen. Ganz wichtig ist – selbst im Winter – die Belüftung, damit sich Krankheiten und Schädlinge nicht verbreiten und für Frischluft gesorgt ist. Die Pflanzen sollte man in spezialisierten Gärtnereien kaufen, die stets ein beeindruckendes Angebot bieten. Bei Kletterpflanzen wie Wein ist Vorsicht geboten: Sie verwandeln einen Wintergarten schnell in einen Dschungel.

FROSTEMPFINDLICHE PFLANZEN

LINKS: Wintergärten sind ideal für eine Sammlung nicht winterharter Pflanzen, wie etwa Pelargonien. Es gibt hunderte von Sorten, von fast Schwarz bis Weiß.

KOMFORTABEL ENTSPANNEN

LINKS: Eine perfekte Mischung aus einem Wohnzimmer und einem Gewächshaus, geschmückt mit dekorativen roten Pelargonien. Viele gleiche Pflanzen wirken stets üppig und großzügig.

ELEGANZ HOCH ZWEI

RECHTS: Dieser stilvolle, geräumige Wintergarten mit Marmorboden befriedigt höchste Ansprüche.

Balkone und Dächer

Ein Topfgarten kann sogar auf einem Balkon oder Dach mitten in der Stadt entstehen. Die wichtigste Entscheidung ist, ob der »Garten« in sich geschlossen sein oder die Stadtkulisse integrieren soll. Sie können sowohl eine von Blüten umgebene Oase schaffen als auch einen kulinarischen Garten mit Erdbeeren, Tomaten und Kräutern. Wie bei allen kleinen Gärten hängt auch hier eine geglückte Gestaltung davon ab, dass ein Stil konsequent durchgehalten wird. Doch solch luftige Paradiese sind nicht einfach zu kreieren, besonders, wenn man selbst Hand anlegen möchte. In Hinblick auf Drainage, Gewicht und Wind sollten Experten zu Rate gezogen werden. Sind jedoch alle Schwierigkeiten bewältigt, können dort Bäume und Sträucher gedeihen und Stauden, Zwiebelpflanzen und Sommerblumen die Einfassung des Dachgartens schmücken.

HÜBSCHE DETAILS

OBEN: Ein kleiner Garten wirkt meist durch Schlichtheit. Eine Kletterpflanze schmückt die weiße Balustrade, während die weißen Rosen im Kontrast zur Katzenminze stehen.

AUSSICHT IN NEW YORK

RECHTS: Dieses Beispiel zeigt, wie man aus der Not eine Tugend macht: Da hohe Pflanzen vom Wind beschädigt würden, wählte man niedrige, die die Aussicht einrahmen.

Fensterkästen und -bretter

Fensterkästen sind äußerst vielseitig. Sie können den Jahreszeiten gemäß bepflanzt werden: im Frühling mit Narzissen, im Sommer mit Einjährigen und in Herbst und Winter mit Immergrünen. Man kann sich aber auch auf Farbzusammenstellungen wie Rot- oder Pastelltöne oder auf Düfte konzentrieren. Beim Bepflanzen ist darauf zu achten, dass Fensterkästen von beiden Seiten des Fensters betrachtet werden. Sie eignen sich auch gut dazu, die Gebäudefassade schnell etwas zu beleben. Hängender Efeu (*Hedera*) ist in vielen Blattformen erhältlich – von gelappt bis krausrandig, von rauten- über fächer- bis herzförmig. Wie alle Pflanzgefäße müssen auch Fensterkästen gut befestigt werden

und über eine ausreichende Drainage verfügen. Alte Büchsen benötigen viele Abflusslöcher und eine Schicht Scherben oder Styroporchips unter dem Substrat.

EIN HAUCH FRÜHLING

RECHTS: Eine Frühlingsmischung aus Primeln (Primula), Kreuzkraut (Senecio) und Anemonen. Im Sommer kann sie durch Kräuter ersetzt werden.

BLAUE REIHE

LINKS: Fast jedes Gefäß lässt sich bepflanzen – wie diese Büchsen, in deren Böden Drainagelöcher gebohrt wurden.

STILVOLLE ELEGANZ

GEGENÜBER: Wundervolle historische Gebäude brauchen auch schöne Tröge. Dieser ist üppig mit Pelargonien bepflanzt.

FARBENPRÄCHTIGE PETUNIEN

OBEN: *Petunien sind in einer immens
großen Farbskala erhältlich – und
einige von ihnen leuchten wundervoll.
Dunkelrote, blaue und pastellfarbene
Petunien sind am einfachsten einzusetzen. Welke Blütenstände müssen stets
entfernt werden, damit die Pflanzen die
ganze Saison über blühen.*

SOMMERLICHE FÜLLE

RECHTS: *Ein zwanglos bepflanzter Fensterkasten wirkt am schönsten, wenn die
Pflanzen dicht stehen. Hier wurden
Pelargonien, Petunien, Lobelien und
Strohblumen* (Helichrysum) *eng zu-
sammengesetzt, damit sie üppig wirken.
Fensterkästen müssen regelmäßig
gewässert werden, an heißen Tagen
manchmal sogar zweimal. Die Zwerg-
konifere sowie die Strauchveronika
(Hebe) sorgen für einen beständigen
immergrünen Hintergrund.*

Blumenampeln

Am schönsten wirken Ampeln, wenn sie Teil einer farbenprächtigen Gesamt-gestaltung sind. Sie schmücken Bereiche, die weder Kletterpflanzen noch hän-gende Gewächse in Fensterkästen erreichen. Ampeln werden gewöhnlich im Som-mer aufgehängt, wenn ihre üppigen Blüten und Blätter das eigentliche Gefäß vollständig verbergen. Die Bepflanzung muss nicht dezent sein – im Gegenteil, sie kann ein wahres Farbenspektakel in Rot, Gelb, Blau und Weiß bieten. Suchen Sie im Garten nach geeigneten Möglichkeiten für eine Ampel; beziehen Sie dabei auch Zweige, Balken, Bogen und Metallkonstruktionen mit ein. Sie werden staunen, wie viele Plätze es für Blickfänge gibt. Vermeiden Sie es jedoch, Ampeln ohne Bezug zu anderen Elementen aufzuhängen, sodass sie verloren wirken.

NEU BEPFLANZTE BLUMENAMPEL

OBEN LINKS: Frisch eingesetzte Pflanzen benötigen etwas Zeit, bis sie richtig angewachsen sind. Deshalb ist es sinn-voll, die Ampel zunächst an einen Platz zu hängen, an dem sie gut beobachtet werden kann. Anfangs sollte man die Pflanzen ausknipsen, damit sie buschiger werden.

DER LETZTE SCHLIFF

GEGENÜBER: Eine Ampel mit weiß und rosarot blühenden Pflanzen gibt dieser Laube den letzten Schliff. Hier ist auf jeder Ebene für Farbenpracht gesorgt.

OPTIMALE BLUMENAMPEL

LINKS: Dieses herrliche Arrangement besteht aus Fuchsien, Petunien und Lobelien. Die Pflanzen gedeihen jedoch nur so üppig, wenn man sie regelmäßig wässert und düngt. Wird die Ampel an einem Flaschenzug angebracht, ist das abendliche Wässern einfach und die Verdunstung gering. Das Substrat sollte mit einem Depotdünger versehen sein.

Zu beachten ist, dass eine frisch gewässerte Ampel an Gewicht zunimmt. War sie vorher leicht und einfach zu handhaben, wird sie plötzlich erheblich schwerer. Die Befestigungen müssen daher stabil genug und solide angebracht sein. Plätze, an denen der Wind Ampeln zum Schaukeln bringt oder wo sich Menschen an ihnen stoßen können, sollten vermieden werden. Das Wässern von Ampeln lässt sich vereinfachen, wenn sie mit einem Flaschenzug angebracht sind. Sonst ist ein spezieller Sprühaufsatz für Rohre oder Schläuche sinnvoll – man hält ihn einfach in die Mitte der Ampel.

ROSAROT UND WEISS

LINKS: *Eine Sommer-
bepflanzung aus Diascien,
Fuchsien, Verbenen, Fleißigen Lieschen* (Impatiens
walleriana) *und der herrlich
gelben Zweizahn-Art* Bidens
ferulifolia.

GRÜN UND GELB

RECHTS: *Diese zarten
Blütenfarben harmonieren
gut mit dem blassen Ton
der Steinmauer.*

Eine Blumenampel bepflanzen

Pflanzen gedeihen gut in einer Ampel, wenn sie sorgfältig eingesetzt und gepflegt werden. Zum Bepflanzen benötigt man eine feste Unterlage (einen Eimer oder großen Topf), feuchtes Spaghnum, Kunststofffolie, Depotdünger in Granulatform, Wasser speicherndes Material und leichtes Substrat. Wählen Sie die Pflanzen sorgfältig aus; es sollten auch höhere für die Mitte dabei sein. Und nehmen Sie sich Zeit, damit eine schöne Blumenampel entsteht.

1 *Die Ampel fest auf einen leeren Topf stellen und mit feuchtem Spaghnum sorgfältig auskleiden.*

2 *Spaghnum bis zum Rand mit Kunststofffolie abdecken. Rundum etwa alle 7 cm Schlitze anbringen.*

3 *Hängepflanzen zuerst einsetzen. Am Boden beginnen und die Pflanzen durch die Schlitze nach außen schieben.*

4 *Höchste Pflanze in die Mitte setzen und mit Hängepflanzen umgeben. 2,5 cm Gießrand frei lassen.*

AUSGEFALLENE BORDE

OBEN: *Diese schlichten, aber sehr dekorativen blauen Borde wurden extra angefertigt: In die einfachen Bretter, die auf stabilen hölzernen Konsolen befestigt sind, wurden Löcher für die Töpfe gesägt. Ein besonders auffallender Blickfang entsteht, wenn man für die Töpfe gleiche Pflanzen verwendet, wie etwa diese leuchtend roten Pelargonien.*

SOMMERBLUMEN BEVORZUGT

LINKS: *Da Wandtöpfe nur halb so viel Substrat fassen wie gewöhnliche Blumentöpfe, sollten sie mit Sommerblumen oder flach wurzelnden Pflanzen wie diese violetten Petunien gefüllt werden.*

Wandtöpfe

Nehmen Sie sich die engen Höfe griechischer Häuser zum Vorbild, in denen jeder noch so kleine Platz mit Pflanzen versehen ist – selbst die nackten Mauern. Man sollte sie als »senkrechte Beete« betrachten, an denen Wandtöpfe in Reihen arrangiert und mit rankender orangefarbener Kapuzinerkresse *(Tropaeolum),* rosaroten Pelargonien, dunkelblauen Verbenen und der Zweizahn-Art *Bidens ferulifolia* mit ihren hellgelben Blüten gefüllt werden können. Fast alle Gefäße eignen sich dafür, von Terrakottatöpfen über bemalte Behälter bis hin zu dekorativen Büchsen oder einer Sammlung von Gießkannen. Mit Wandtöpfen lassen sich strenge architektonische Elemente etwas auflockern, und der Weg aus dem Garten wirkt freundlicher, wenn er statt an einer abweisenden nackten Wand an einer blumengeschmückten Mauer vorbeiführt. Eine mit Pflanzen verschönerte Gartenmauer mildert die Begrenzung und wertet sie zugleich auf.

TON IN TON

OBEN: *Für ein freundliches, aber zartes Arrangement eignen sich kühle Blau- und Violetttöne besser als kräftige, miteinander kontrastierende Farben.*

DUFTIGER SPRÜHREGEN

LINKS: *Oft konzentriert man sich bei der Bepflanzung auf Farben und vergisst dabei die verschiedenen Formen. Ein schmaler, trichterförmiger Wandtopf mit luftigen Kapastern* (Felicia) *und* Brachycome *bietet einen auffallenden Blickfang.*

39

Strohblume *Helichrysum petiolare*

Hängende weiße und blaue Lobelien und die Ackerwinde *Convolvulus sabatius*.

Lobelie *Lobelia erinus* 'Fountain Select'

Fuchsie *Fuchsia* 'Jack Shahan'

Hängepflanzen

Bei der Auswahl von Pflanzen für Wandtöpfe und Blumenampeln sollten gute Hängepflanzen nicht fehlen. Sie verdecken mit ihrem üppigen Wachstum die Gefäße und füllen die Lücken zwischen anderen Gewächsen – zudem lassen sie ein großzügiges Ambiente entstehen. Hängepflanzen sind sehr vielseitig: Sie können sowohl herrlich strukturierte Blätter besitzen als auch im Sommer mit einer überbordenden Blütenpracht erfreuen.

Kapaster *Felicia amelloides*

41

Wirkungsvolle Pflanzgefäße

Es gibt sehr viele verschiedene Pflanzgefäße – und mit zunehmendem Angebot an
Pflanzen kann es mitunter schwierig sein,
für ein bestimmtes Arrangement das Passende zu finden. Am einfachsten ist es daher,
einige der hier vorgeschlagenen Anregungen
zu übernehmen.

KREATIVER EINSATZ VON PFLANZGEFÄSSEN
*Eine harmonische Gruppe von Pflanzgefäßen bereichert
jeden Garten (links). Formierte Pflanzen und Farben wie
dieses Orangerot ergeben einen Blickfang (oben).*

Auswahl der Gefäße

Pflanzgefäße sind in vielen Größen, Formen und Materialien erhältlich. Da manche sehr teuer sind, wie die herrlich verzierten Terrakottatöpfe in italienischem Stil, lohnt es sich, vor dem Kauf einige Überlegungen anzustellen. Die meisten Blumentöpfe sind einfach, doch ein Anstrich verändert sie sofort. Glänzende Metallbehälter bieten stets einen Überraschungseffekt, aber sie müssen mit einem Rostschutzmittel versehen werden. Gefäße aus Holz müssen ebenfalls mit einem Holzschutzmittel geschützt werden. Große hölzerne Pflanzgefäße eignen sich gut für Feigenbäume oder Kamelien, die saures Substrat benötigen. Steintröge wirken immer schön, sind aber schwer und teuer. Kunststofftöpfe sind preiswert und für die Aufzucht von Stecklingen sinnvoll.

Ein gewöhnlicher Blumentopf mit Veilchen

Hohe, zylindrische Blumentöpfe aus Terrakotta

Fensterkästen aus Terrakotta

Rosarote Gauklerblumen *(Mimulus)* in einer Schale

Drei Terrakottatöpfe in unterschiedlichen Formen

Saatschale aus Terrakotta

EIN TOPFGARTEN

OBEN: Dieser kaskadenartige Topfgarten ist ein Beispiel für ein dekoratives Arrangement aus Topfpflanzen. Gelblaubiger Hopfen (Humulus) *und Wohlriechende Wicken* (Lathyrus odoratus) *unterbrechen das Grün und ergänzen die Terrakottatöpfe.*

Mit Gitterrelief verzierte Saatschale

Nicht zu vergessen ist auch das Angebot an Ampeln, Trögen und Wandtöpfen. Eine Kombination aus verschiedenen Stilen und Größen wirkt sehr dekorativ. Zudem kann man auch selbst Pflanzgefäße herstellen, zum Beispiel aus alten Stiefeln und Eimern oder Wannen und Becken. Die beiden ersten Behälter benötigen mehrere Drainagelöcher, die letzteren sollten mit Speziallack präpariert werden. Das Gefäß wird nach Herstellerangaben zuerst gereinigt und trockengerieben. Wenn der Anstrich trocken ist, kann das Gefäß bepflanzt werden.

SOMMERLICHE BLUMENAMPEL

OBEN: *Bronzelaubige Dreimasterblumen* (Tradescantia) *ergeben mit weißen und rosaroten Petunien eine Kombination in leuchtenden Farben.*

Wandtopf aus Aluminium

Imitat einer Bleispindel aus Fiberglas

Unbehandelter
Versailles-Holzkübel

Steingefäß mit Korbgeflechtrelief

Filigraner Metallkorb

HISTORISCHES GEFÄSS AUS BLEI

OBEN: *Solche Behälter erfordern einen genauen Pflanzplan. Diese phantasievolle Bepflanzung beinhaltet ausschließlich Blattpflanzen in verschiedenen Formen, Größen und Grüntönen, darunter seltene Arten von Harfenstrauch (Plectranthus).*

Hölzerner Fensterkasten

Steintrog mit Schmuckrelief

Fensterkasten aus Fiberglas

47

STRAUCHMARGERITEN

LINKS: Strauchmargeriten (Argyranthemum frutescens) *bieten neben ihrer langen Blüte und ihren hübsch geformten Blättern den großen Vorteil, dass sie sowohl eine Gruppe in zarten Farben beleben als auch wie hier alleine gepflanzt werden können.*

PETUNIEN

RECHTS: Selbst sorgfältig bepflanzte Töpfe gewinnen noch durch eine symmetrische Platzierung. Diese Pflanzgefäße geben der schön verzierten Terrassentür einen eleganten Rahmen. Die Bepflanzung ist in Weiß und Rosarot gehalten und besteht aus einfachen und gefüllten Petunien, Pelargonien und weißem Steinkraut (Alyssum).

SAUERKLEE

UNTEN: Rotlaubiger Sauerklee (Oxalis) *ist eine ungewöhnliche Wahl für einen Blumentopf – und ergibt einen Blickfang in Rosa- und Braunrot.*

Effektvolle Schlichtheit

Es ist relativ einfach, mit einer bunten Mischung einen auffallenden Effekt zu erzielen. Etwas schwieriger ist es, mit nur einer Art pro Topf schlichte Eleganz zu erreichen. Das Geheimnis ist, Pflanzen zu wählen, die entweder über eine auffallende Form oder viele Blüten verfügen. Zur ersten Gruppe zählt der südafrikanische Honigstrauch *(Melianthus).* In einem Gefäß erreicht er etwa 1,20 m Höhe; im Winter muss er ins Haus gebracht werden. Ahorne aus Japan, besonders die Sorten des Fächerahorns *(Acer palmatum)* wie 'Bloodgood', besitzen eine gebogene Wuchsform und färben sich im Herbst; sie werden 1,50–2,50 m hoch. Schwarzrohrbambus *(Phyllostachys nigra),* Zwerggräser, Funkien *(Hosta)* und Palmlilien *(Yucca)* sind ebenfalls zu empfehlen. Am dekorativsten ist jedoch die Keulenlilie *(Cordyline),* besonders *C. australis* mit ihren schwertförmigen violettroten Blättern. Für Gärten in italienischem Stil eignet sich formierter Buchsbaum *(Buxus),* wie etwa ein Stamm mit nach oben kleiner werdenden Kugeln.

Die Auswahl ist bei Blütenpflanzen größer. Schmucklilien *(Agapanthus)*, Kosmeen, Kapastern *(Felicia)*, Fuchsien, Hortensien *(Hydrangea)*, Salbei *(Salvia)* und Wicken *(Lathyrus)* ergeben lebendige Pflanzungen. Die Saison beginnt mit Tulpen *(Tulipa)*. Eine Sorte pro Topf ist immer am wirkungsvollsten. Hängende Verbenen wie die rosarote 'Sissinghurst' bringen an einem Stützrahmen ihre Farbe gut zur Geltung. Im Sommer sind Lilien ein Muss, vor allem die stark duftende Königslilie *(Lilium regale)*. Etwas Besonderes ist der kletternde Rosenkelch *(Rhodochiton atrosanguineus)*. Er erreicht eine Höhe von 1,80 m und besitzt glockenförmige violettrote Sommerblüten mit einem vorstehenden schwarzen »Klöppel«.

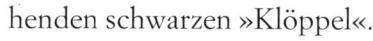

Veilchen *Viola* 'Molly Sanderson'

Formierter Buchsbaum
in geriffeltem Topf

LEUCHTEND UND SCHLICHT
LINKS: Tulpen sind so wunderschön, dass sie keine reich verzierten Pflanzgefäße brauchen – ein schlichter Terrakottatopf genügt.

ÜPPIGES ROT
RECHTS: Pelargonien gibt es in vielen Farben, doch das klassische Rot ist unschlagbar. Besonders beeindruckend sind sie während der Hauptblüte.

51

EINFACH SONNIG

LINKS: *Gärten brauchen Überraschungseffekte, Abwechslung oder ein belebendes Element – wie etwa dieses Sonnenblumen-Trio* (Helianthus) *in Blumentöpfen.*

LEUCHTENDE GELBTÖNE

UNTEN: *Töpfe mit Ringelblumen, hier* Calendula 'Lemon Beauty', *ergeben ein üppiges Arrangement. Einzelne Gefäße füllen Lücken in Rabatten gut aus.*

Wirkung erzielen

Wirkung zu erreichen ist eine Sache, ob sie gelungen ist, eine andere. Lassen Sie sich von schönen Gärten inspirieren, indem Sie die besten Ideen übernehmen und sie mit eigenen kombinieren. Sie könnten zum Beispiel ein abgestuftes Farbschema wählen: Es beginnt mit zarten Schattierungen, geht in der Mitte in leuchtende Rottöne über und läuft in blassen Rosa- und Graunuancen aus. Es spricht auch nichts gegen eine Spur von der Farbpalette van Goghs, wie etwa verschiedene Rot- und Gelbtöne. Wichtig ist nur, dass die Zusammenstellung nicht isoliert wirkt, sondern einen Bezug zu anderen Elementen hat. Der Effekt entsteht durch Farbe und Form. Wird ein Garten neu angelegt, sollte dem Hintergrund genauso viel Zeit gewidmet werden wie der farbenprächtigen Kombination davor.

Pflanzgefäße eignen sich hervorragend, um verschiedene Farben, Strukturen und Formen von Pflanzen zur Geltung zu bringen – einzeln gesetzt oder dicht gedrängt sorgen sie für einen wahren Blütenrausch.

Petunie (*Petunia*)

EFFEKTVOLLE PLATZIERUNG

LINKS: Diese gelungene Gestaltung basiert auf zwei Punkten: Es wurden viele kräftige Rot- und Rosatöne vor weißem Hintergrund eingesetzt, und die üppig bepflanzten Blumenampeln sorgen für Blütenpracht in luftiger Höhe.

ÜBERBORDENDE FÜLLE

RECHTS: Ein Hinterhof kommt durch Farbe erst richtig zur Geltung. Alle diese Pflanzen gedeihen in Gefäßen, wie etwa Leberbalsam (Ageratum), *Petunien, Kosmeen, Pelargonien, Lobelien und eine Fülle von Ziertabak* (Nicotiana).

SCHNELLER KONTRAST

LINKS: Um zu sehen, wo eine Pflanze die größte Wirkung erzielt, geht man am besten mit ihr durch den Garten. Diese rote Hortensie (Hydrangea) *kommt vor grünem Hintergrund gut zur Geltung.*

WIRKUNGSVOLLE BLUMENAMPEL

RECHTS: Eine Ampel mit der Zweizahn-Art Bidens ferulifolia *verschönert den Eingang. Rote Begonien auf der Stufe und die hellrosa Rose ergänzen sie perfekt.*

FRÜHLINGSGELB

UNTEN LINKS: Vor dunklem Hintergrund wirken Gelbtöne immer auffallend. Diese stufenförmig angeordnete Gruppe umfasst vorn Alpenaurikel (Primula auricula), *rückwärts Narzissen und Goldlack* (Cheiranthus), *in der Mitte Herzblumen* (Dicentra) *und seitlich Vergissmeinnicht* (Myosotis).

Will man mit Farbe eine große Wirkung erzielen, so benötigt man auffallende Pflanzen. Zu ihnen zählt der frostempfindliche purpurrote Zylinderputzer *(Callistemon).* Er bringt den gesamten Frühsommer über am Ende seiner langen Stiele zahlreiche leuchtend rote bürstenähnliche Blüten hervor. Diese ungewöhnliche Pflanze sieht mit gelber Kapuzinerkresse *(Tropaeolum)* wunderschön aus. Die Lilien-Sorte 'Citronella' blüht im Sommer ebenfalls in einem kräftigen Gelb. Ihre 1,50 m hohen Blüten erinnern an tropische Schmetterlinge. Zusammen mit blauen Karden *(Dipsacus),* weißen Strauchmargeriten *(Argyranthemum frutescens)* und grauer Strohblume *Helichrysum petiolare* bilden sie einen sommerlichen Höhepunkt. Im Herbst, wenn bereits die meisten Blumen welken, hellt die scharlachrote Fuchsie 'Riccartonii' den Garten auf. Und für einen exotischen Anblick sorgen Blumenrohr *(Canna)* aus Südamerika und spät blühende Dahlien.

Pflanzen, die durch ihre Wuchsform Aufmerksamkeit erregen, brauchen ausreichend Platz und sollten nicht in einem bunten Arrangement untergehen. Eine besonders schöne architektonisch wirkende Pflanze ist die Palmlilie *Yucca recurvifolia* mit ihrer kräftigen Rosette aus gebogenen schwertförmigen Blättern. Sie bringt einen 1,80 m hohen Blütenstand mit weißen Rispen hervor. Für noch mehr Höhe sorgt die 2,50 m hohe Königskerze *Verbascum bombyciferum* mit ihren herrlich kräftigen Blättern und gelben Blütenständen. Doch der große Auftritt gebührt der Gemüseartischocke *Cynara cardunculus,* die an eine große Distel erinnert. Sie wird 1,50 m hoch und trägt blaue Blüten. Für die Winterbepflanzung eignen sich die hohen Mahonien wie etwa *Mahonia* x *media* 'Buckland'. Mit ihren glänzenden grauen Blättern und duftenden gelben Blüten wirken sie wie Statuen. Ein vorsichtiger Schnitt bringt sie in Form. Pflanzen mit ausdrucksvollen Silhouetten und großer Wirkung sind Agaven, Bananenstauden *(Musa),* Keulenlilien *(Cordyline)* und Olivenbäume *(Olea).*

AUFRECHTE SPEERE

UNTEN: Astelia nervosa *aus Neuseeland ist eine horstbildende Staude.*

GROSSE TÖPFE FÜR GROSSE WIRKUNG

OBEN LINKS: *Diese Kombination besteht aus spitzblättriger Keulenlilie, rotem Salbei* (Salvia), *gelben Schönmalven* (Abutilon) *und Strauchmargeriten* (Argyranthemum frutescens) *sowie goldfarbenem Zweizahn* (Bidens).

EIN HAUCH MEXIKO

LINKS: *Die dekorative Form der »Hundertjährigen Aloe«* Agave americana 'Marginata' *aus Mexiko bildet in fast jeder Umgebung einen Blickfang.*

STRENGE SYMMETRIE

RECHTS: *Der blaue Stuhl verleiht dem Pflanzenarrangement in Rosarot und Weiß zusätzlichen Reiz.*

Blattpflanzen für Gefäße

Man sollte sich von der Idee freimachen, dass ein Garten, ob mit oder ohne Topfpflanzen, immer blühende Gewächse aufweisen muss. Natürlich sind Blüten schön anzusehen und belebend – doch auch Blattpflanzen mit ihren vielfältigen Farbnuancen, Formen und Texturen haben diese Wirkung. Und Immergrüne erfreuen das ganze Jahr über. Blattpflanzen lassen sich in drei Kategorien einteilen: in senkrecht wachsende, Hügel oder Stufen bildende und in hängende Pflanzen. Die erste Gruppe ist am reizvollsten und umfasst auch Bambus-Arten und Gräser. *Arundinaria falconeri* mit ihren raschelnden dünnen Stielen wird 2,10 m hoch. Das Riesenschilf (*Arundo donax*) besitzt dschungelartig wirkende Stiele von 3 m Höhe. Man kann aber auch schlanke Koniferen wie die 80 cm hohe und 45 cm breite Wacholder-Sorte *Juniperus communis* 'Compressa' verwenden, um Gartenelemente einzurahmen.

Während der Pagoden-Hartriegel *Cornus controversa* für einen stufenartigen Anblick sorgt, bilden Koniferen wie die Sawara-Scheinzypresse *Chamaecyparis pisifera* 'Filifera Aurea' hohe gelbe Hügel. Die Himalajazeder *Cedrus deodara* 'Gold Mound' erinnert mit ihren herrlich zotteligen Zweigen fast an ein Ungetüm. Sie braucht ein sehr großes Gefäß. In schattigen Bereichen machen sich Funkien (*Hosta*) gut. Sie sehen in Töpfen wunderhübsch aus, besonders wenn das Substrat mit Kies abgedeckt wird. Unter den Hängepflanzen ist Efeu (*Hedera*) unschlagbar.

KLETTERPFLANZE MIT FÜNF FARBEN
OBEN: *Die jungen Blätter des Strahlengriffels* Actinidia kolomikta *sind violett, dann grün mit weißen, später rosa Spitzen. Im Herbst werden sie rot.*

OVALE BLATTFORMEN
OBEN: *Spierstrauch* (Spiraea), *Funkie und Salbei bieten verschiedene Blattgrößen und -strukturen.*

Sauerklee *Oxalis triangularis* 'Cupido'

Violetter Gartensalbei
Salvia officinalis 'Purpurascens'

Fuchsie *Fuchsia* 'Thalia'

Wiesenkerbel *Anthriscus sylvestris* 'Moonlit Night'

PERFEKTER PATIO

RECHTS: *Diese Sammlung aus panaschierter Funkie, filigranblättrigem Farn und einer in Form geschnittenen Duftblüte Osmanthus x burkwoodii zeigt schön kontrastierende Blattpflanzen.*

Gefleckte Taubnessel (*Lamium maculatum*)

Efeu *Hedera helix* 'White Knight'

Efeu *Hedera helix* 'Adam'

Immergrüne

Immergrüne Pflanzen sind für einen Garten unverzichtbar, denn sie bieten immer, Sommer wie Winter, ob bei Dürre, Frost oder Schnee, einen hübschen Anblick. Wenn Freizeitgärtner über Farbe sprechen, klammern sie Grün meist aus. Doch es gibt herrliche Grüntöne, von Hellgrün über Oliv- und Blaugrün bis zu Dunkelgrün. Immergrüne geben dem Garten eine beständige Struktur und teilen ihn in Bereiche, in denen andere Farben zur Geltung kommen.

Die Auswahl an auffallenden Solitärpflanzen ist groß. Die Orangenblume *Choisya ternata* bildet große, runde Sträucher mit glänzenden Blättern und duftenden Blüten im Frühling. Die Wolfsmilch *Euphorbia rigida* besticht mit vielen braunen Stielen voll fleischiger grüner Blätter, die im Frühsommer oberseits gelb werden. Der panaschierte Kletter-Spindelstrauch *Euonymus fortunei* 'Silver Queen' wächst zu einem Busch heran. Koniferen gibt es in allen Wuchsformen. *Garrya elliptica* 'James Roof' trägt Mitte des Winters Kätzchen und zählt zu den schönsten Wintergewächsen.

BUCHSBAUMKUGELN

OBEN: Die Buchsbaum-Art Buxus sempervirens *eignet sich am besten für den Formschnitt. Sie lässt sich in Kegel, Spiralen, Kugeln und Hochstämme schneiden.*

EFEU ALS LÜCKENFÜLLER

LINKS: Efeu (Hedera) *wird leider unterschätzt – er verdeckt Lücken an Mauern, die andere Pflanzen nicht kaschieren können. Und von Frühling bis Herbst lässt er sich bereitwillig schneiden.*

UNTERSCHIEDLICHE HÖHEN

GANZ LINKS: Formierte Buchsbäume und eine Konifere sind die höchsten Pflanzen in diesem Arrangement. Strauchmargeriten bilden den Vordergrund.

RAHMEN AUS BUCHSBAUM

RECHTS: Immergrüne bieten den Rahmen für besondere Pflanzen wie dieses Zitrusgewächs und einige Kakteen auf dem Tisch.

HÜHNER AUF DER STANGE

OBEN: Vier Vögel gruppieren sich in anmutiger Symmetrie um eine Taube aus panaschiertem Efeu (Hedera). *Formen aus Buchsbaum* (Buxus) *und Eibe* (Taxus) *benötigen jährlich im Frühling und Herbst einen Schnitt, damit die Belaubung dicht bleibt. Vermeiden Sie komplizierte und spitzwinkelige Formen. Kleinblättriger Efeu eignet sich für detaillierte Figuren am besten.*

Formierte Pflanzen

Hat man sich einmal mit Formen befasst, kommt man nicht mehr davon los. Es gibt zwei traditionelle Arten, Pflanzen in eine gewünschte Form zu bringen: die japanische und die westliche. Erstere eignet sich hervorragend dazu, runden Sträuchern und sogar Bäumen eine schöne Form zu verleihen. Die Zweige von Solitärpflanzen werden so geschnitten, dass durch sie der gesamte Garten sichtbar bleibt. Der Höhepunkt dieser Methode zeigt sich an Leyland-Zypressen *(x Cupressocyparis leylandii),* die nur noch fünf oder sechs Äste haben, an deren Ende grüne »Wolken« sitzen. Öfter findet man dagegen Lorbeerbäumchen *(Laurus),* deren nackte Stämme von Kugeln aus Laub gekrönt werden. Buchsbaum *(Buxus)* und Eibe *(Taxus)* sind die beiden beliebtesten Pflanzen für den Formschnitt. Sie lassen sich zu Kugeln, Pyramiden, Spiralen, Kästen und selbst zu Tierform schneiden. In Gartencentern gibt es verschiedene Formen aus Draht zu kaufen, die den gewünschten Wuchs unterstützen. Man kann jedoch den Schnitt auch nach eigenem Augenmaß vornehmen, indem man den Buchsbaum während des Wachsens immer wieder schneidet oder wartet, bis er zu einem mittelgroßen Strauch herangewachsen ist, und ihn dann formiert.

Pyramide aus Efeu

Diese Form ist einfach herzustellen. Man braucht zwei bis drei kleinblättrige Efeu, einen 23 cm großen Topf, ein 60 cm hohes Gerüst (oder 6 Stöcke) und Maschendraht. Es dauert einige Wochen, bis die Zweige das Gerüst verbergen. Regelmäßiges Ausknipsen während der Wachstumsperiode verkürzt die Zeit.

1 *Efeu einpflanzen und die Zweige entwirren. Das Gerüst überstülpen und gut befestigen. Mit Maschendraht ein Netz spannen.*

2 *Die langen Triebe vorsichtig mit dem Drahtnetz verweben, sodass sie so viel wie möglich davon bedecken, und gleichmäßig verteilen.*

Die fertige Pyramide

67

Farbige Arrangements

Arrangements aus verschiedenfarbigen Topfpflanzen sind am wirkungsvollsten, wenn der Stil des Gefäßes mit berücksichtigt wird. Stattliche Töpfe erfordern kräftige Farben, zu eleganten Gefäßen passen besser zarte Töne. Jegliche farbliche Disharmonie ist zu vermeiden. Bei den Pflanzen sollte eine Farbe die Hauptrolle spielen und passende Töne zugeordnet werden.

Auch die Platzierung der Farben ist wichtig. Eine herrlich dunkelblaue Blüte kommt zum Beispiel vor einem dunklen Hintergrund nicht zur Geltung. Das Blau einiger Salbei-Arten wie etwa *Salvia patens* ist so tief und lebhaft, dass es unbedingt einen hellen Hintergrund benötigt. Gleiches gilt für das dunkle Weinrot der Kosmee *Cosmos atrosanguineus*. Dagegen wirken weiße, gelbe und orangefarbene Blüten nur vor einer dunklen Umgebung. Die weiße Tulpe 'Triumphator' zählt zu den schönsten der Gattung und sollte einzeln stehen. In einer weiß gehaltenen Pflanzung würde ihr Reiz zwischen Grau- und Silbertönen untergehen. Farben beeinflussen auch die Atmosphäre. So wirkt das Weiß von Lilien beruhigend, während Rot- und Orangeschattierungen beleben.

Tazetta-Narzisse
(*Narcissus tazetta*)

KLASSISCHE SCHLICHTHEIT

OBEN: Die auf einem Sockel stehende Spindel im klassischen Stil ist mit rotgelben Tulpen (Tulipa) bepflanzt. Ihre Farbe hebt sich gut vom dunklen Hintergrund ab, während ihr senkrechter Wuchs die Form der Spindel ergänzt.

ORANGE ALS AUFHELLER

GEGENÜBER: Eine dunkle Ecke lässt sich am einfachsten mit vielen orangefarbenen Blüten aufhellen. Diese Wucherblumen (Chrysanthemum) eignen sich hervorragend für kleine, runde Töpfe.

Warme Rottöne

Bei der Verwendung von warmen Rottönen gibt es zwei Dinge zu beachten: Erstens eignen sie sich hervorragend für Blickfänge, und zweitens wirken sie nicht zwangsläufig aufdringlich. Rot umfasst eine große Palette an Tönen, vom leuchtenden Scharlach- und Purpurrot bis zu dunklen, fast schwarzen Schattierungen. Da sie so stark dominieren, können sie auf Begleitfarben meist verzichten. Wie die Fotografien zeigen, sind Arrangements in verschiedenen Rottönen am schönsten.

Kräftige, leuchtende Farben haben eine zusätzliche Funktion: Sie verkürzen eine Blickachse, indem sie den entferntesten Punkt näher erscheinen lassen. Umgekehrt wirkt das Ende des Gartens weiter entfernt, wenn es in zarten Farben gestaltet ist.

Fuchsie
Fuchsia 'Thalia'

Gartenverbene
Verbena x *hybrida*

Pelargonie
(Pelargonium)

ROT VOR WEISS

OBEN LINKS: *Der Fensterkasten voll roter Pelargonien bietet einen heiteren Anblick.*

FEURIGE EXOTEN

UNTEN LINKS: *Ein lebhaftes Arrangement aus Montbretien* (Crocosmia), *Blumenrohr* Canna *'King Humbert' und 'Wyoming' sowie den Dahlien 'Grenadier', 'The Fairy' und 'David Howard'.*

AUFSTEIGENDES ROT

RECHTS: *Geschickt platzierte Holztröge mit Kapuzinerkresse, Gerbera, Blumenrohr und Hornklee* Lotus berthelotii.

Rosarot

Diese Farbe gibt es sowohl in grellen als auch in blassen Tönen. Überzeugen Sie sich also vor dem Kauf, ob Sie tatsächlich die gewünschte Nuance gewählt haben. Rosarot harmoniert immer mit Grau, zartem Blau und blassen Mauve- und Violetttönen. Als Pflanzgefäß eignen sich verwitterte Terrakottatöpfe besonders gut. Manche Blütenknospen wie etwa die von Rosen sind kräftig rosarot gefärbt, während die Blüten sich in dunkleren Tönen öffnen.

BLUMENAMPEL MIT RAFFINESSE

OBEN: *Während die meisten Ampeln einen Überschwang an Farben bieten, zeigt diese, dass auch eine zurückhaltende Bepflanzung ihren Reiz hat. Die zarte Kombination besteht aus Nelken* (Dianthus), *Stiefmütterchen* (Viola tricolor) *und Fleißigen Lieschen* (Impatiens walleriana).

Petunie *(Petunia)*

Bartfaden
Penstemon
'Garnet'

Stiefmütterchen
(Viola tricolor)

Tulpen *(Tulipa)*

CHRISTROSEN FÜR DEN WINTER

RECHTS: Diese rosarot blühende Winterbepflanzung setzt sich aus Hyazinthen (Hyacinthus), Christrosen (Helleborus niger) und Primeln (Primula-Elatior-Hybriden) zusammen.

Verbene *Verbena bonariensis*

Dost *Origanum laevigatum*

Scaevola saligna

ROSAROT AUF DEM FENSTERBRETT

LINKS: Verbenen, Sauerklee (Oxalis) und Pelargonien für den Sommer.

73

BLAU- UND GRAUTÖNE

LINKS: *Eine Blumenampel, deren Bepflanzung sich auf zwei Farben und Pflanzen beschränkt – blaue Gartenstiefmütterchen* (Viola-Wittrockiana-Hybride) *und graulaubige Strohblumen* (Helichrysum).

EINGETOPFTE LACE-CAP-HORTENSIEN

RECHTS: *Eine außergewöhnlich harmonische Kombination aus blauen Lace-cap-Hortensien* (Hydrangea) *und einer üppigen Lobelie.*

BLAU AUF BLAU

UNTEN LINKS: *Die verzierte Metallbank vor der blau gestrichenen Gitterwand ergibt eine herrliche Bühne für Töpfe mit Petunien, Strohblumen und die schwertförmigen blaugrünen Blätter von* Astelia nervosa 'Silver Spear'.

Kühle Blautöne

Blau ist eine interessante Farbe – für einen kurzen Augenblick erscheint sie am Abend tiefer und dunkler als tagsüber. Unser Auge reagiert besonders empfindsam auf blaue Blüten, wenn ihre Farbe durch die Dämmerung verstärkt wird. Glücklicherweise lässt sich Blau gut mit den meisten Farben kombinieren. Blasse Blautöne harmonieren mit Grau und Weiß, Dunkelblau passt zu Grün. Es gibt zahlreiche blau blühende Pflanzen, von Hyazinthen (Hyacinthus) bis zu Edeldisteln (Eryngium).

ELEGANTES BLAU

RECHTS: *Ein hübscher Strauß aus Anemonen, Vergissmeinnicht* (Myosotis) *und Beinwell* (Symphytum).

Frisches Weiß

Inmitten unserer hektischen Welt wirkt eine ruhige Oase, an der sich die Seele und das Auge erholen kann, überaus wohltuend. Gartenfreunde bevorzugten hierfür lange Zeit eine ausschließlich weiße Bepflanzung. Weiße Blüten besitzen eine Klarheit, um die sie ihre bunten Pendants beneiden. Was könnte also einfacher sein, als sich ihre Eleganz mithilfe eines Pflanzgefäßes oder Topfarrangements in den Garten zu holen?

Weiß lässt sich jedoch auch gut mit anderen Farben kombinieren. Und wie Silber und Grau eignet es sich hervorragend dazu, Farben, die nicht unmittelbar zusammenpassen, miteinander zu verbinden. In einem farbenprächtigen Garten bietet eine Ecke mit weiß blühenden Pflanzen sofort einen einladenden Platz zum Ausspannen und Erholen. In Kombination mit Immergrünen entsteht eine erfrischende und klare Atmosphäre.

STILVOLLES WEISS
GEGENÜBER: Langblütige Lilien (Lilium longiflorum) *und formierter Buchsbaum werten die dunkle Ecke auf.*

SPIRALEN IN WEISS
OBEN LINKS: Diese Stellage aus Draht mit Fleißigen Lieschen (Impatiens walleriana), *Kosmeen, Pelargonien und Hortensien* (Hydrangea) *ergibt in einem kleinen Garten einen Blickfang.*

SCHLICHTE ELEGANZ
LINKS: Die Waldrebe Clematis cartmanii *ist eine immergrüne Zwerghybride aus Neuseeland, die im Spätfrühling blüht.*

77

Jahreszeitliche Effekte

Topfpflanzen ergänzen den Garten das gesamte Jahr über mit Duft und Farbe – selbst im Winter. Dieses Kapitel stellt die schönsten für jede Jahreszeit vor, von Tulpen und Alpenveilchen bis zu Skimmien und Fächerahornen.

SOMMERLICHES TOPFARRANGEMENT
Diese Gruppe aus üppig blühenden und graublättrigen Pflanzen entfaltet im Sommer ihre größte Wirkung (links). Rosarote Mophead-Hortensien fügen Farbe hinzu (oben).

Frühling

Zwiebelblumen sind ideale Topfpflanzen und erfreuen nach dem Winter mit Duft und Farbe. Narzissen erblühen in Aprikot, Zitronengelb, Orange, Rosarot und Weiß. Die Engelstränennarzisse (Narcissus triandrus) besitzt eine bezaubernde Blüte, die an die einer Fuchsie erinnert; 'Bartley' zeigt eine lange, vorstehende Trompete. Die Dichternarzisse N. poeticus var. recurvus zählt zu den schönsten weiß blühenden Narzissen; einige Sorten, wie etwa 'February Gold', blühen bereits Ende des Winters. Jonquillen (N. jonquilla) und Tazetta-Narzissen (N. tazetta) verströmen einen süßen Duft, brauchen aber einen geschützten, warmen, trockenen Platz. Die duftenden rahmweißen Narzissen sind herrliche Zimmerpflanzen.

Auch Krokusse (Crocus), besonders die mit den hübschen Zeichnungen oder Tönen an der Außenseite, sind gute Topfpflanzen, etwa die außen violette und innen weiße 'Ladykiller'. Die orange blühende Kaiserkrone (Fritillaria imperialis)

FRÜHLINGSBOTEN

OBEN: *Anmutige Veilchen* (Viola) *heitern im Frühling eine unscheinbare Gartenecke auf.*

DUFT FÜRS ZIMMER

RECHTS: *Der Korb mit der weißen Hyazinthen-Sorte 'L'Innocence' kann bei schlechtem Wetter ins Haus getragen werden – wo er die Luft mit Duft erfüllt.*

KLASSISCHE KOMBINATION

GEGENÜBER: *Rote und weiße Tulpen* (Tulipa) *mit rotem Goldlack* (Cheiranthus) *und violetten Gartenstiefmütterchen* (Viola-Wittrockiana-Hybride). *Die Blätter der Zwiebelpflanzen müssen vollständig einziehen, damit sie für die Blüte im nächsten Jahr genug Energie speichern können.*

stellt in großen Gefäßen immer einen atemberaubenden Anblick dar. Die rotbraungelbe *F. michailovskyi* braucht eine gute Drainage, die man ihr in Töpfen jedoch leicht bieten kann. Dies gilt auch für die meisten Schwertlilien der Juno-Gruppe. Am einfachsten sind Arten wie die fliederfarbene *Iris cycloglossa* und *I. magnifica* sowie die weiße bis zitronengelbe *I. bucharica* zu ziehen. Sorten von *I. reticulata* und I.-Xiphium-Hybriden, viele mit hübscher Zeichnung, sind wie Hyazinthen, Tulpen und Hundszahn *(Erythronium)* hübsche Frühlingspflanzen.

Primel
Primula-Elatior-
Hybride

STARKER KONTRAST

LINKS: Beginnen Sie die Gartensaison mit einer kontrastreichen Farbkombination, wie sie diese gelben Narzissen (Narcissus) und violettblauen Primeln bieten.

MINIATURTOPFGARTEN

RECHTS: Ein kleiner Topfgarten mit Zwergformen von Zwiebelpflanzen füllt eine Lücke neben der Eingangstür. Blaue Zwergschwertlilien, schwachwüchsige Narzissen und Primeln bilden ein gutes Trio. Die Abdeckschicht aus Kies betont Stiele und Blüten.

Lilienblütige Tulpen

Dieses Arrangement zeigt das Farb- und Formenspektrum von Tulpen.

Rembrandt-Tulpe

Tulpe *Tulipa* 'Fancy Frills'

Tulpe *Tulipa* 'Menton'

Frühlingstulpen

Egal, welche Farbzusammenstellung Sie wählen – es gibt stets auch passende Tulpen. Sie blühen normalerweise Mitte bis Ende des Frühlings und werden am besten aus der Erde genommen, wenn die Blätter eingezogen sind. Die Zwiebeln lagert man bis zu Beginn des Winters an einem trockenen, warmen Platz. Pflanzt man sie zu zeitig aus, können sie zu früh austreiben und durch Frost geschädigt werden. Kompakte Greigii- und Kaufmanniana-Hybriden sind jedoch etwas unempfindlicher.

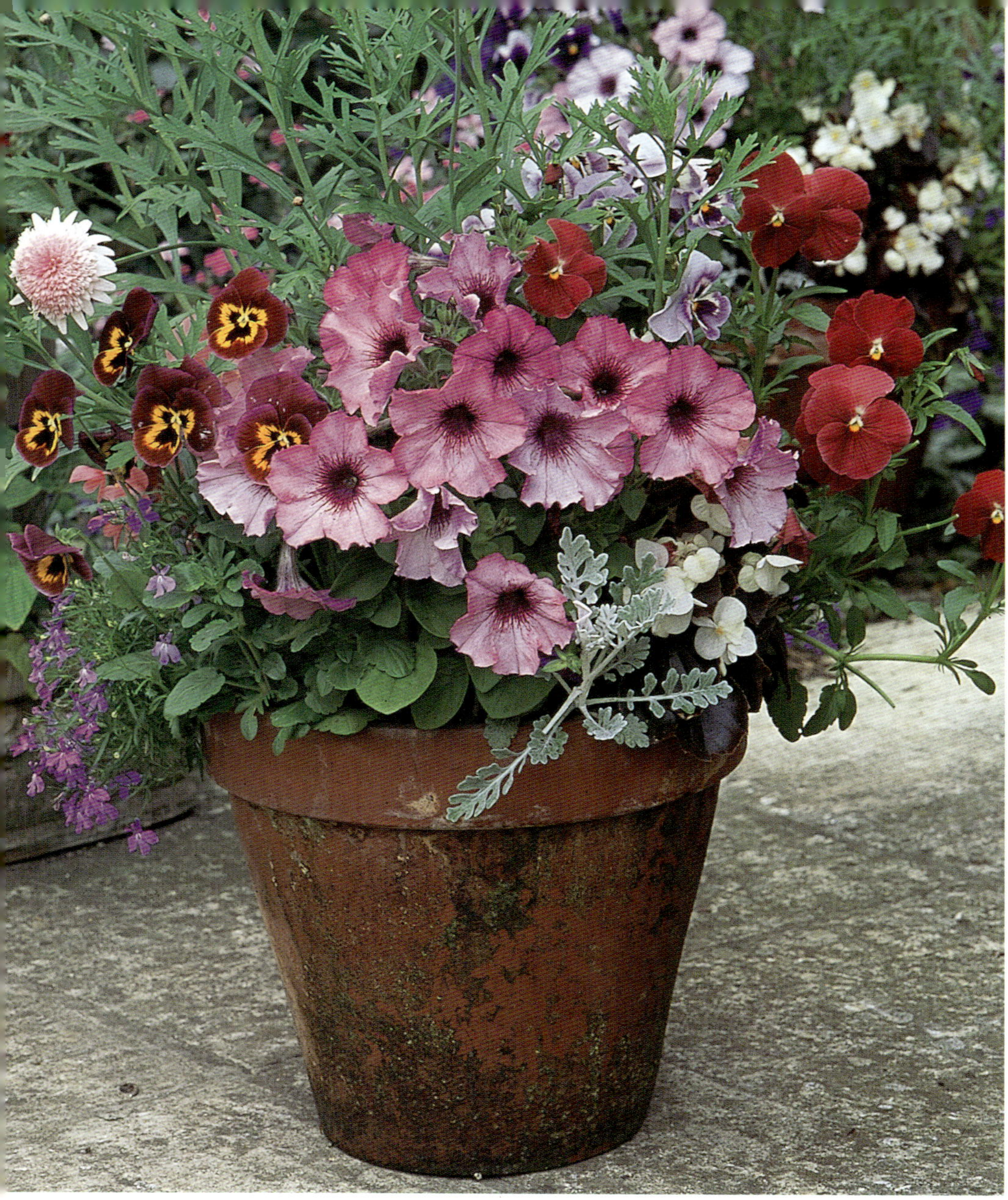

NATURNAHER STIL

LINKS: *Diese hochsommerliche Bepflanzung umfasst Petunien mit dunklen Mitten, rotgelbe Stiefmütterchen* (Viola tricolor), *Kreuzkraut* (Senecio) *und* Argyranthemum *'Mary Wootton'.*

STRENG FORMAL

RECHTS: *Eine Spindel auf einem Sockel stellt den Blickfang schlechthin dar – diese üppig bepflanzte beinhaltet Strohblume* Helichrysum petiolare, *blaue Hängelobelien, Petunien und Pelargonien.*

KLETTERPFLANZEN

UNTEN: *Fehlt im Garten ein Platz für Kletterpflanzen, so kann man auf ein Pflanzgefäß zurückgreifen. Romantisch wirkende Wohlriechende Wicken* (Lathyrus odoratus) *verströmen einen wunderbaren Duft und lassen sich an einem Stützrahmen ziehen.*

Sommer

Im Sommer zeigen sich die Pflanzen in voller Pracht. Ihr großes Farb- und Formenspektrum reicht von leuchtenden Rottönen, Gelb- oder Blaunuancen über schwarzweiße Blüten bis zu dschungelartigen Blattpflanzen.

Lilien *(Lilium)* sind herrliche Sommerpflanzen. Es gibt sie überwiegend mit trompeten-, trichter-, schalen- und türkenbundförmigen Blüten. Kombinieren Sie verschiedene Wuchshöhen miteinander, und verwenden Sie auch einige mit intensivem Duft wie etwa die atemberaubend schöne weiße *L. longiflorum.* Die Farbpalette reicht von fast Schwarzviolettrot bis zu Weiß mit rotbrauner Zeichnung.

Zierkohl *(Brassica oleracea)* sorgt mit seiner hellen Mitte und krausen leuchtend grünen Außenblättern für verblüffende Blickfänge. Doch die empfindliche Ruhmeskrone *Gloriosa superba* 'Rothschil-

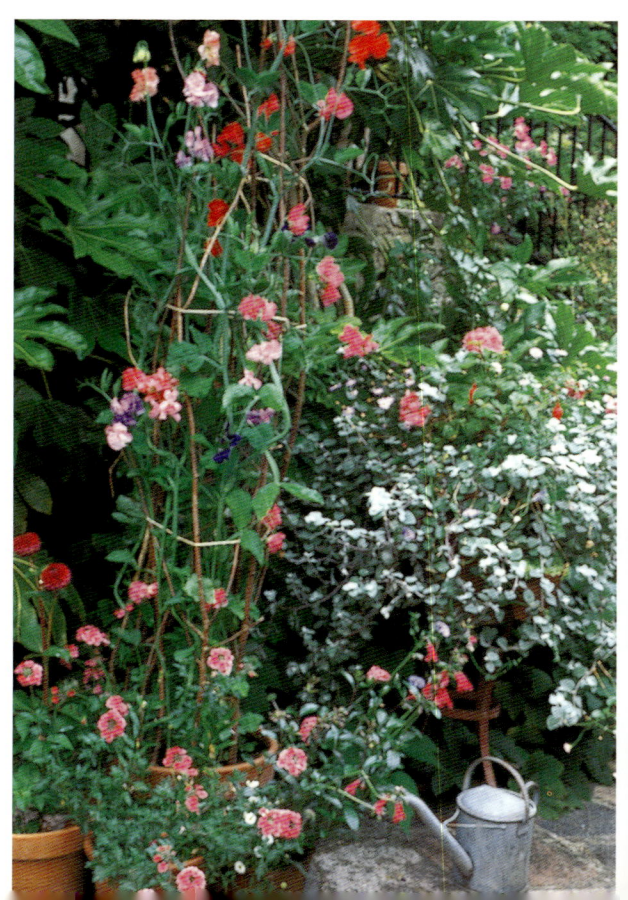

diana' bietet einen noch ausgefalleneren Anblick. Ihre kräftig rotgelben Blüten ragen 1,50 m über der Erde auf und sehen in den meisten Gärten sehr exotisch aus. Sie können im Sommer im Freien bleiben, im Winter benötigen sie jedoch mindestens 8° Celsius. Storchschnabel (*Geranium*) ist dagegen leichter zu ziehen. Seine herrlich gefärbten Blüten erfreuen den ganzen Sommer über.

Patio-Rose
Rosa 'De Meaux'

ELEGANZ IM FREIEN

LINKS: *Mehrere formierte Buchsbaum-Hochstämme, duftende rosarote Patio- und Kletterrosen sowie ein Bogen mit Gitterwerk aus Eisen tragen zur gelungenen Gestaltung dieses Sitzbereiches bei.*

FROSTEMPFINDLICHE PELARGONIEN

UNTEN: *Damit Pelargonien das ganze Jahr überstehen, sollte man sie in Töpfen ziehen, die im Winter ins Haus gebracht werden. Frost und kalte Nässe sind für die Pflanzen tödlich.*

GEKRÖNTER WANDTOPF

LINKS: *Leuchtende Studentenblumen* (Tagetes) *thronen über einer Fülle von panaschierter Katzenminze* (Nepeta), *Lobelien und Petunien.*

AUFSTEIGENDE BLÜTENPRACHT

RECHTS: *Dieses Pflanzenarrangement aus üppig blühenden Rosen, Bougainvilleen, Kalanchoe und grauen Strohblumen* (Helichrysum) *kaschiert einige Lücken.*

WEISS UND GRAU

UNTEN: *Das große Pflanzgefäß beinhaltet eine Komposition in zarten Farben. Sie besteht aus einem imposant wirkenden Honigstrauch* (Melianthus major)*, filigranblättrigem Beifuß* (Artemisia)*, weißen Strauchmargeriten* (Argyranthemum frutescens) *und der Algiermalve* Malva sylvestris *'Primley Blue'.*

Hochstämme gehören zu den Topfpflanzen mit den interessantesten Formen. Ihr glatter Stamm wird meist von einer kugeligen Krone aus Blättern und Blüten geziert. Die 1,80 m hohen Stechapfel-Arten aus Südamerika tragen lange, trompetenförmige Blüten; die duftende gelbe *Datura* x *candida* 'Grand Marnier' zählt zu den schönsten, muss aber im Winter ins Haus gebracht werden. Auch Fuchsien- und Strauchmargeriten-Hochstämme sind sehr dekorativ. Beidseits von Statuen aufgestellt, bilden sie einen schönen Rahmen. Etwas Ausgefallenes ist Salat in Töpfen. Doch statt ihn zu ernten, lässt man ihn Samen bilden – er bringt dann lange, dünne, gedrehte Triebe hervor. Exotisch muten dagegen Sukkulenten und Kakteen an. Ihre Farbpalette reicht von glänzendem Violettschwarz bis zu Olivgrün, die Formenskala von kleinen Kugeln bis zu Obelisken für einen Wildwest-Look.

Orangefarbene Wucherblumen *(Chrysanthemum)* in Terrakottatöpfen mit ähnlichem Farbton.

Browallie *Browallia speciosa*

Osteospermum 'Pink Whirls'

Gartenringelblumen *(Calendula officinalis)*

Fleißiges Lieschen *Impatiens walleriana* 'Accent Salmon'

Sommerblumen

Ob in Farbblöcken oder in Mustern, in zarten oder leuchtenden Farben, im formalen oder naturnahen Stil – gestalten Sie die Pflanzen-arrangements im Sommer ganz nach Ihrer Wahl. Je größer sie sind, desto besser, denn es gibt ein umfangreiches Angebot von Pflanzen. Einjährige und Stauden sind sowohl in gedämpften als auch kräftigen Farben erhältlich.

Herbst

Leuchtende Herbstfarben werden meist mit großen Bäumen in weitläufigen Parklandschaften assoziiert. Doch es gibt keinen Grund, weshalb man nicht auch in kleinen Gärten nach dem Welken der letzten Sommerblüten für herbstliche Stimmung sorgen könnte. In relativ kleinen Pflanzgefäßen gedeihen japanische Fächerahorne (*Acer palmatum*) mit ihrem herrlichen Laub. Sie erreichen in Töpfen ungefähr 1,50 m Höhe. Die Blätter der wundervollen Wildrose *Rosa virginiana* färben sich mit zunehmender Kälte zunächst schwarzrot, dann orangegelb. Hübsche Sträucher sind die Fächer-Zwergmispel (*Cotoneaster horizontalis*) mit ihren roten Früchten und die Schönfrucht *Callicarpa bodinieri* 'Profusion' mit fliederfarbenen Früchten. Spät blühende Wucherblumen und Astern bieten eine umfangreiche Farbskala.

Wucherblumen
(*Chrysanthemum*)

PHANTASTISCHE FARBE

LINKS: Spät blühende Stauden und farbenprächtiges Laub verleihen dem Garten im Herbst einen zusätzlichen Reiz. Dieser leuchtend gefärbte Ahorn (Acer) erinnert an herbstliche Landschaften und beweist, dass Pflanzgefäße nicht nur im Frühjahr, sondern auch gegen Ende des Jahres im Garten ihre Berechtigung haben.

WINTERLICHE AMPEL

LINKS: Blattpflanzen wirken auch im Winter schön.

Winter

Zugegeben, die Auswahl an Pflanzen für den Winter ist klein. Doch diejenigen, die in dieser Jahreszeit blühen, erregen immer Aufmerksamkeit. Es gibt einige gute Beetpflanzen wie etwa winterharte Stiefmütterchen, am besten eignen sich aber Zwiebelpflanzen. Der Elfenkrokus *(Crocus tommasinianus)* öffnet beim ersten warmen Lufthauch die Blüten; 'Barr's Purple' zeigt sich in Violettrot, *C. albus* in Weiß. Da sie sich im Garten stark ausbreiten, ist ein Pflanzgefäß für sie genau das Richtige. Das Alpenveilchen *Cyclamen coum* ist in Weiß, Rosarot und Rot erhältlich. Winterblühender gelber Eisenhut *(Aconitum)*, Schneeglöckchen *(Galanthus)* wie die robuste weiße 'S. Arnott' und die spät blühende blaue Schwertlilie *Iris histrioides* sind ideal; sie können allein oder unter einer Stechpalme *(Ilex)* oder der Haselnuss *Corylus avellana* 'Contorta' gepflanzt werden.

KROKUSSE

LINKS: Die drei Töpfe zeigen, wie schön früh blühende Krokusse wirken können. Zwei besonders hübsche Arten sind die fliederfarbenen Crocus tommasinianus *und* C. laevigatus 'Fontenayi'.

STECHPALME UND EFEU

RECHTS: Dieser akkurat geschnittene Stechpalmen-Hochstamm schmückt zusammen mit weißen Alpenveilchen und panaschiertem Efeu (Hedera) eine Eingangstür. Die Alpenveilchen können im Sommer durch Einjährige ersetzt werden.

UNGEWÖHNLICHES PFLANZGEFÄSS

UNTEN: Ein ausgehöhlter Baumstamm bietet dem flach wurzelnden Cyclamen coum *und kleinblättrigem Efeu eine Heimat.*

Anmutig wirkende Schneeglöckchen (*Galanthus*)

Alpenveilchen *Cyclamen persicum*

Gartenstiefmütterchen (Viola-Wittrockiana-Hybriden)

Skimmie *Skimmia japonica* 'Tansley Gem'

Gelbe Krokusse *Crocus flavus*

Winterpflanzen

Im Winter ist die Pflanzenauswahl klein – da wirkt selbst ein einfacher Topf mit Alpenveilchen oder Schneeglöckchen überraschend gut. Etwas raffinierter sehen Beet- und Zwiebelpflanzen unter Sträuchern mit hübschen Wuchsformen oder Früchten aus. Die unteren Zweige sollten geschnitten sein, damit die Blüten gut zur Geltung kommen. Es gibt zwar wenige winterblühende Pflanzen, aber deren Blüten sind sehenswert.

Besondere Topfgärten

Mit Pflanzgefäßen lassen sich spezielle Gärten schaffen, wie etwa ein Steingarten, in dem eine Landschaft im Kleinen entsteht. Aber auch ein Kräutergarten, ein duftendes Pflanzenarrangement oder sogar ein Miniaturteich kann mit Topfpflanzen gestaltet werden.

INDIVIDUELLE PFLANZGEFÄSSE

Pflanzgefäße verleihen dem Garten eine individuelle Note. Lavendel gedeiht in einem stilvollen alten Trog (links), während gestreifte Töpfe (oben) fröhlich anmuten.

Steingartenpflanzen

Diese Pflanzen brauchen bestimmte Wachstumsbedingungen. Meist stammen sie aus hoch gelegenen Regionen, wo sie im Winter mit Schnee bedeckt sind. Sie sind klein und kompakt und widerstehen rauen Winden und Steinschlag. Ein heller Platz mit sehr guter Drainage ist für sie lebensnotwendig. Viele Steingartenpflanzen können in speziellen Gefäßen im Garten gezogen werden, wo sie einen ungewöhnlichen Anblick bieten. Die sandige Erde in den Gefäßen wird mit Kiesel oder kleinen Felsstücken bedeckt und erinnert so an die natürliche Umgebung der Pflanzen. Darüber hinaus bringt diese Deckschicht die oft zarten Blüten besser zur Geltung und hält Schnecken ab. Zusammen mit Pflanzen, die Trockenheit gut vertragen, wie zum Beispiel Kakteen und andere Sukkulenten, entsteht ein wüstenartiger Effekt.

Beim Kauf von Steingartenpflanzen sollte man spezialisierte Gärtnereien aufsuchen, denn sie führen meist ein umfangreicheres Angebot als Gartencenter. Zudem gibt ihr Fachpersonal auch wichtige Pflegetipps.

HAUSWURZ IM BLICKPUNKT

OBEN LINKS: *Man sollte sich von der Vorstellung trennen, dass einem Sockel etwas fehlt, wenn er keine klassische Statue trägt. Eine Schale mit Hauswurz (Sempervivum) gibt einem Sockel einen neuen, ganz ungewöhnlichen Anstrich.*

EIN TROGGARTEN

LINKS: *Steingartenpflanzen können süchtig machen, sodass man jedes Gefäß, das man findet, mit ihnen füllen möchte. Dieser Troggarten wurde mit Kieselsteinen versehen, die die Assoziation an das Geröll einer alpinen Landschaft wecken.*

MAUERBEPFLANZUNG

RECHTS: Einige Steingarten-pflanzen lieben die Spalten und Risse an Steinmauern. Man kann jedoch auch flache Schalen sicher auf Mauerrändern in Augenhöhe platzieren. Diese Sammlung beinhaltet Fetthenne Sedum spathulifolium *'Purpureum', Sauerklee* Oxalis triangularis *und Glockenblume* Campanula gargarica *'Dickson's Gold'.*

Bepflanzung eines flachen Gefäßes

Das Wichtigste für einen Steingarten in einem Gefäß sind viele Drainagelöcher und gut durchlässiges Substrat. Ein altes Spülbecken oder einen Steintrog kann man mit Spezialkleber versehen, auf dem eine Mischung aus Torf, Bausand und Zement aufgebracht wird. Bedecken Sie das Gefäß mit feuchtem Sackleinen und lassen Sie es dann ruhen. Der Standort sollte gut gewählt sein, denn nach dem Bepflanzen ist das Gefäß sehr schwer und dadurch unhandlich.

1 *Boden mit Scherben auslegen. Darauf eine Mischung verteilen, die halb aus Substrat und halb aus grobem Sand oder Feinkies besteht. Die Pflanzen einsetzen.*

2 *Beim Einsetzen darauf achten, dass die Wurzeln ausgebreitet sind. Für eine gute Drainage um die Wurzelhälse groben Sand oder Feinkies verteilen.*

3 *Der fertig bepflanzte Trog mit Hauswurz* (Sempervivum), *Fetthenne* (Sedum), *Nelken* (Dianthus) *und Steinbrech* (Saxifraga).

LINKS: Kräutertöpfe stehen am besten an einem sonnigen Platz in der Nähe der Küche. Regelmäßiges Ausknipsen mancher Kräuter, wie etwa bei diesem Basilikum-Trio, sorgt für buschigen Wuchs.

Goldblättriger Oregano *Origanum vulgare* 'Variegatum'

Rosmarin *(Rosmarinus officinalis)*

Kräuter in Töpfen

Falls Sie nicht über einen Küchen- oder Gemüsegarten verfügen, holen Sie sich doch mit Pflanzgefäßen die Frische und das Aroma von Kräutern ins Haus. Kräuter können in jeder Art von Gefäß gezogen werden – manche, wie etwa Minze *(Mentha),* gedeihen in einem Topf sogar besser, da ihr Wurzelwachstum beschränkt wird.

Es gibt ein großes Angebot von Kräutern. Man kann beispielsweise unter 18 verschiedenen Basilikum-Sorten *(Ocimum basilicum)* wählen, von Kleinblättrigem oder Großblättrigem über rotlaubiges Basilikum bis hin zu einer nach Zimt duftenden Sorte. Aber auch Kümmel *(Carum)* und Bockshornklee *(Trigonella foenum-graecum)* sind erhältlich. Bereits ein oder zwei Töpfe mit einfach zu ziehenden Kräutern genügen für eine kulinarische Grundausstattung. Zu ihr gehören glattblättrige Petersilie *(Petroselinum),* die aromatischer als die krausblättrige ist, Schnittlauch, Koriander *(Coriandrum sativum),* Oregano, Rosmarin und Thymian. Einjährige wie Basilikum können leicht aus Samen gezogen werden.

Thymian *(Thymus)*

Oregano
(Origanum vulgare)

Schnittlauch *(Allium schoenoprasum)*

SAMMLUNG VON HEILPFLANZEN

OBEN*: Für diesen dicht bepflanzten Topf braucht man Raute* (Ruta), *Rainfarn* (Tanacetum vulgare), *Mutterkraut* (Tanacetum parthenium) *und Ysop* (Hyssopus officinalis).

Gartenringelblume
(Calendula officinalis)

Goldpanaschierter Gartensalbei
Salvia officinalis 'Icterina'

AROMA AUS DEM FENSTERKASTEN

OBEN*: Jedes Gefäß ist für einen Kräutergarten geeignet. Einige hohe Pflanzen wie Rosmarin* (rechts) *sorgen für einen hübschen Anblick.*

Duftende Topfpflanzen

Mit Pflanzgefäßen kann man schnell und einfach Duft in den Garten bringen – und mit den richtigen Gewächsen zieht plötzlich das Aroma von Ananas und Marzipan ein. Töpfe können je nach gewünschtem Effekt umgestellt und entweder in der Nähe einer Türe oder von Fenstern platziert werden, sodass der Duft auch das Haus durchdringt. Die Pflanzen sollten jedoch an einem warmen, geschützten Ort stehen, damit der Duft sich in der Luft verbreitet.

Duftpflanzen gibt es das ganze Jahr. Im Spätwinter verströmt Seidelbast *(Daphne)* seinen intensiven Duft, der in einem Wintergarten besonders gut zur Geltung kommt. Die winterharte immergrüne Sorte *D. bholua* 'Jacqueline Postill' zeigt rosarote oder weiße Blüten und erreicht in einem Topf nur 1,80 m Höhe. Die dunkelrosa blühende Sorte *D. odora* 'Aureomarginata' ist ebenfalls winterhart, wird aber nur halb so hoch. Wer eine andere Duftnote bevorzugt, sollte den frostempfindlichen Jasmin *Jasminum polyanthum* pflanzen. Wird er zu groß, schneidet man ihn nach der Blüte zurück. Im Sommer sollte er ins Freie gebracht werden und reichlich Tomatendünger bekommen, damit er im nächsten Jahr schön blüht. Je später er im Herbst ins Haus gestellt wird, desto später trägt er im Frühling Blüten.

SOMMER- UND WINTERDÜFTE
LINKS: Herrliche alte Heliotrop-Sorten wie etwa 'Chatsworth' können im Sommer in Beeten wachsen. Im Herbst topft man sie ein, und den Winter über bringt man sie ins Haus. Mit Tomatendünger blühen die Pflanzen auch weiterhin.

HYAZINTHEN
UNTEN: Pflanzen Sie Hyazinthen neben Sitzplätzen – so kann man sich an ihrem herrlichen Duft erfreuen.

ABENDLICHE DÜFTE
OBEN: Ziertabak (Nicotiana) *verströmt abends einen wunderbaren Duft. Unter einem Fenster oder neben einer Tür hat er große Wirkung.*

Im Sommer sorgen Lilien für Duft, und die romantische Heliotrop-Sorte *Heliotropium* 'Princess Marina' verbreitet ein wunderbar intensives Marzipan-Aroma. Die Salbei-Art *Salvia elegans* duftet nach Ananas. Für berauschende abendliche Düfte eignen sich Ziertabak *(Nicotiana)* und Levkojen *(Matthiola)*. Wer einen Wintergarten mit hoher Luftfeuchtigkeit besitzt, kann frostempfindliche Wachsblumen *(Hoya)* eintopfen. Sie tragen Büschel mit sternenförmigen Blüten – vorausgesetzt, sie erhalten im Winter mindestens 10° Celsius.

Die Saison neigt sich mit der hohen Gladiole *Gladiolus callianthus* 'Murieliae' dem Ende zu. Ihre süß duftenden weißen Blüten zeigen im Inneren eine wunderschöne violettrote Zeichnung. Ein herbstlicher Topf mit Freesien ist preiswert. Sie sind einfach zu ziehen, und ihre duftenden Knospen öffnen sich im Winter oder im Frühling.

DUFTENDE BLÄTTER

OBEN: *Töpfe voll Pelargonien mit duftenden Blättern sollten dort aufgestellt werden, wo man sie im Vorbeigehen berührt – dadurch geben sie den Duft frei.*

LAVENDELTOPF

RECHTS: *Echter Lavendel* (Lavandula angustifolia) *besitzt eine schöne Form und guten Duft – eine hervorragende Topfpflanze.*

DUFTRAUSCH

LINKS: *Die intensiv duftende Goldbandlilie* (Lilium auratum) *ist leicht zu ziehen. Am besten stellt man sie unter ein Fenster ins Freie.*

DER DUFT VON ZITRONEN

RECHTS: *Alle Zitrusgewächse können in Töpfen gezogen werden, besonders wenn sie im Winter genügend Luftfeuchtigkeit bekommen.*

Wasserelemente

Möchten Sie dem Garten einen besonderen Reiz verleihen, beziehen Sie ein Wasserelement in die Gestaltung mit ein. Dies bedeutet nicht, dass Sie einen Swimmingpool, Teich oder See benötigen – kleine Gefäße, die im Garten verteilt werden, sind einfach zu handhaben und sehr effektvoll. Es gibt erstaunlich viele Möglichkeiten, ein Wasserelement zu gestalten, selbst in einem kleinen Stadtgarten. Wasser bietet stets einen ungewöhnlichen und lebendigen Blickfang.

Wandbrunnen sind schnell befestigt und bestehen meist aus einem Schmuckelement wie etwa einem Kopf, aus dessen Mund das Wasser tritt; in einem Becken mit großen, runden Kieselsteinen wird es gesammelt und wieder zurückgeführt. Farbige Wasserkannen, die in Zickzackform untereinander installiert sind, sodass das Wasser von einer in die andere fließt, bevor es zurückgepumpt wird, stellen eine modernere Ausführung dar. Alternativ kann auch ein japanisches Shishi Odoshi gebaut werden: Ein dünnes Bambusrohr leitet das Wasser in ein weiteres, das beweglich an einer Achse befestigt ist und am anderen Ende auf einem Stein rhythmisch aufschlägt.

WASSERGEFÄSS IM TEICH

LINKS: Dieser runde Teich wird durch ein kleines, erhöht platziertes Wassergefäß mit großen Steinen verschönert. Wolfsmilch (Euphorbia), *Fetthenne* (Sedum), *Salbei* (Salvia) *und Schwertlilie* (Iris) *fügen üppiges Grün hinzu.*

RUSTIKALER STIL

RECHTS: Das Fass mit der alten Pumpe ergibt ein hübsches Wasserelement für einen kleinen Garten, das durch die gestreiften Gräser noch betont wird.

Miniaturteiche gibt es aus Fiberglas, Kunststoff oder Holz fertig zu kaufen. Man kann sie im Kreis um einen großen Teich platzieren. Ein Belag aus Kiesel oder Steinen – eventuell in Beton eingelassen – steigert die Wirkung der Anlage. Der Effekt wird noch erhöht, wenn man farbige Kachelstücke mit einbezieht. In Gefäßen, die flacher als 45 Zentimeter sind, dürfen keine Fische gehalten werden, da sie bei niedrigen Temperaturen einfrieren können. Frösche, die sich ganz von selbst einfinden, entschädigen dafür.

Topfpflanzen für Teiche werden meist in Behältern angeboten. Die Erdoberfläche sollte stets mit Steinen beschwert sein, damit der Topf unter Wasser bleibt und sich die Erde nicht löst. Vorsicht ist bei Pflanzen geboten, die sich schnell ausbreiten, denn die Pflanzen müssen stets der Größe des Wasserelementes angepasst sein. Die Wasseroberfläche sollte nur ein Drittel mit Schwimmpflanzen bedeckt sein. Sauerstoff bildende Pflanzen wie Wasserstern (*Callitriche*), Wasserpest (*Elodea*) und *Myriophyllum* helfen, das Wasser sauber zu halten. Die Pflanzen sollten an einen sonnigen Platz gesetzt werden, wo keine Zweige überhängen oder sich herabgefallenes Laub sammelt. Kinder dürfen sich niemals unbeaufsichtigt in der Nähe von Wasser aufhalten.

Sumpfschwertlilie
(*Iris pseudacorus*)

WASSERBOTTICHE

LINKS: Ob kleine oder große Teiche – größte Wirkung erzielen sie, wenn sie versteckt hinter einigen Pflanzen liegen. Diese tief eingesetzten Bottiche sind von Feuchtigkeit liebenden Pflanzen umgeben.

GLÄNZENDE FLÄCHEN

RECHTS: Schlicht und wirkungsvoll – ein glasierter Topf wird zu einem Miniaturteich mit einer weißen Seerose (Nymphaea alba) umfunktioniert.

ALT UND NEU

LINKS: Bunt bemalte Pflanzgefäße unter-streichen vorhandene Gartenelemente. Diese gestreiften Töpfe rahmen einen alten Wandbrunnen ein. Die gelben Töpfe beinhalten Traubenhyazinthen (Muscari), *der blaue einen formierten Buchsbaum* (Buxus).

HELL UND HÜBSCH

RECHTS: Halbschattige Plätze lassen sich am schnellsten mit leuchtenden Farben aufhellen. Silbrige galvanisierte Metall-gefäße reflektieren das Licht und beto-nen orangefarbene Gerbera (Gerbera) *und violettblauen Gartenrittersporn* (Consolida ajacis).

Verzierte Töpfe

Schlichte Terrakottatöpfe können gelegentlich durchaus ein neues Gesicht vertra-gen. Dabei sollte ihre neue Farbe die Pflanzen effektvoll ergänzen oder mit ihnen kontrastieren. Aber Vorsicht: Sind die Töne zu blass, kommt der Anstrich nicht gut zur Geltung. Am besten sehen breite Streifen in Rot, Violett, Blau oder Weiß aus. Auch unterschiedlich große Punkte, Ringe oder Zickzack-linien sind wirkungsvoll. Diese Muster eignen sich gut für kleine Töpfe. Bei großen Gefäßen sollte man lieber zu einfachen Verzierungen und klaren Farben greifen, damit die Dekoration nicht überladen wirkt.

Will man einen Topf mit Streifen versehen, so muss das Gefäß zuerst gereinigt und getrocknet werden. Dann bekommt es einen weißen Grundanstrich. Anschließend deckt man mit Klebebändern

EIN HAUCH GELB

LINKS: Das Gelb der Sonnenblume (Helianthus) *wiederholt sich am Rand des Terrakottatopfes.*

das Muster ab. Nachdem die zweite Farbe aufgetragen wurde und getrocknet ist, entfernt man die Klebebänder. Auf die gleiche Weise lassen sich noch weitere Farben hinzufügen. Wer einen ursprünglicheren Effekt erzielen möchte, malt das Muster frei mit der Hand auf den Topf. Es ist oft einfacher und preiswerter, Gefäße selbst zu verzieren, als nach einem in den passenden Farben zu suchen – und natürlich macht es zudem noch Spaß. Man kann sogar Schablonen-, Tupf- und Stempeltechniken anwenden.

Galvanisierte Metallbehälter eignen sich sehr gut als Pflanzgefäße. Sie können durch Tupfen in allen Farben aufgehellt werden. Gold und Silber wirken am schönsten.

Einige gleich bemalte Töpfe ergeben als Gruppe ein hübsches Gartenelement. Individuell verzierte Gefäße stellen einen eigenständigen Blickfang dar. Dekorierte Töpfe können überall im Garten platziert werden, doch auf Fensterbänken und neben Eingängen wirken sie besonders gut.

GELBBLAUER TOPF

OBEN: In diesem hübschen Topf bekommen rote Pelargonien neuen Aufschwung.

EIN LEBHAFTER BLICKFANG

LINKS: Die Papagei-Tulpen in kräftigen Farben sehen in hellen Gefäßen, wie etwa diesen blauweiß gestreiften Töpfen, am besten aus.

WINTERFARBEN

RECHTS: Weiße Alpenveilchen (Cyclamen) *und junge Buchsbäumchen* (Buxus) *in gestreiften Töpfen ergeben einen ungewöhnlichen Anblick.*

VERZIERTE TÖPFE

SÜDAMERIKANISCHES FLAIR

*LINKS: Kakteen und andere Sukkulenten
sind in vielen verschiedenen Formen
erhältlich, von kleinen Kugeln bis hin zu
großen, kandelaberartigen Pflanzen.
Folkloristische Gefäße ergänzen sie hervorragend.*

SCHLICHT UND EINFACH

*OBEN: Diese drei Töpfe zeigen, dass bereits
einfache Muster wie Streifen, Punkte und
Wellenlinien ein Gefäß in ein Schmuck-
stück verwandeln können.*

119

Der blühende Garten

Die Basis von Rabatten

Herrliche Rabatten sind bis ins kleinste Detail durchdacht – von hohen Pflanzen am rückwärtigen Rand bis zu den niedrigen Einfassungspflanzen. Zum Dank für die Mühe erfreuen sie das ganze Jahr mit Farbe und interessanten Blickfängen.

FARBPALETTE

Lupinen und Rosen zwischen violettlaubigem Salbei und Wolfsmilch ergeben eine sommerliche Rabatte (links), während rotgelber Goldlack frühlingshaft wirkt (oben).

Rabattenstil

Eine herrliche, üppig bepflanzte Rabatte stellt für jeden Garten einen Gewinn dar. Sie muss jedoch geplant werden, damit das Ergebnis auch wirkungsvoll ist. In den meisten Gärten soll die Rabatte das ganze Jahr über schön aussehen, sodass sich eine gemischte Bepflanzung empfiehlt. Durch kleine Bäume und Sträucher bekommt eine Staudenrabatte Struktur, während in den Lücken Zwiebelpflanzen, Ein- und Mehrjährige Platz finden und die Rabatte bis in den Herbst interessant erscheinen lassen.

Rabatten werden traditionsgemäß vor Mauern, Hecken oder Zäunen, die den Hintergrund bilden und die rechteckige Form vorgeben, angepflanzt. Diese Form der Anlage bestimmt auch deren Gestaltung und sieht zum Beispiel eine stufenförmige Anordnung der Pflanzen vor, damit diese möglichst gut zur Geltung kommen. Auch heute noch ist diese Rabatten-gestaltung sinnvoll, vorausgesetzt, man hält sich nicht zu strikt daran. Einige höhere Pflanzen mit offener Wuchsform lockern den Vordergrund etwas auf, falls er zu streng wirken sollte – Wiesenraute *(Thalictrum)* und Astilben eignen sich hierfür sehr gut.

SILBER- UND WEISSTÖNE

OBEN: Luftiges Riesenschleier-kraut (Crambe cordifolia) mit Wolken aus weißen Blü-tenrispen verleiht dieser überbordenden Rabatte in Weiß und Silber Höhe. Eine niedrige Buchsbaumein-fassung (Buxus) hält sie in Zaum.

GEMISCHTE RABATTE

RECHTS: Dieser Garten wird von einer Mauer umgeben. Die Frühlingsrabatten davor bilden einen bunten Teppich aus Struktur gebenden, blühenden Sträuchern und Bäumen wie dem Apfelbaum Malus floribunda, *zwischen denen zweijähriger Goldlack (Cheiranthus), Stiefmütter-chen (Viola tricolor), Tulpen (Tulipa) und Vergissmein-nicht (Myosotis) gedeihen.*

IM BAUERNGARTEN-STIL
OBEN: *Die natürlich wirkenden Rabatten bestehen aus*
Lavatera, Rosen, Strauchmargeriten *sowie* Waldreben *und
führen zu einem von Wicken
umhüllten Bogen.*

KONTRAST UND HARMONIE
RECHTS: *In dieser traditionellen Staudenrabatte gedeiht
auch eine einjährige Sonnenblume, die zur* Verbena bonariensis *in Kontrast steht.
Gegenüber wachsen die Dahlien 'Bishop of Llandaff' und
'Ellen Huston' mit blauen
Schmucklilien.*

FORMAL UND NATURNAH

OBEN: *Zwischen den Strukturpflanzen –
Buchsbaum und hoher Wacholder* (Juniperus) *– gedeihen Strauchrosen, Salbei,
Beifuß, Schaublatt und Bergenien. Ein
weicher Rasen hält sie in Schach.*

EIN ROSIGER ANBLICK

GEGENÜBER: *Die Rosenrabatte ist unter-
pflanzt mit anderen rot blühenden
Pflanzen: Spornblume, Berufkraut,
Fuchsien und Glockenblumen.*

Ein Inselbeet ist eine meist runde oder ovale Rabatte ohne Hintergrund. Die höchsten Pflanzen werden deshalb in die Mitte platziert. So sieht die Rabatte von jeder Seite gut aus.

Bei formal angelegten Beeten, die Teil einer Gesamtgestaltung sind, geht man nach der gleichen Methode vor. Nur in den Rabatten von Bauerngärten sehen Pflanzen in unterschiedlichen Höhen und Wuchsformen, die scheinbar wahllos durcheinander wachsen, hübsch aus. Man sollte sich daher Zeit nehmen, um Beete und Rabatten sorgfältig zu planen. Ist die übergeordnete Struktur einmal festgelegt, kann man darangehen, die Pflanzen auszuwählen. Jetzt ist auch der Zeitpunkt gegeben, an dem man seiner Phantasie freien Lauf lassen und eine wahrhaft individuelle Rabatte gestalten kann.

Die Struktur ausfüllen

Eine Rabatte sieht das ganze Jahr gut aus, wenn man die Lücken ihrer Struktur mit kleinen Sträuchern und winterharten Stauden füllt, die nacheinander blühen.

Geht die prachtvolle Blüte der frühlingsblühenden Sträucher, wie Kamelie, Alpenrose (Rhododendron), Seidelbast (Daphne) und Ginster, zu Ende, sind die Stauden an der Reihe. Lupinen, Päonien und Mohn (Papaver) zählen zu den schönsten, gefolgt von Phlox und Rittersporn (Delphinium). Zwischen ihnen gedeihen kleinere Arten wie Frauenmantel (Alchemilla), schwachwüchsiger Storchschnabel, Nelken (Dianthus) und Katzenminze. Herbstliche Farben bieten Raublattastern (Aster novae-angliae), Dahlien und Herbstanemonen, hinter denen Sträucher wie Warzen-Glanzmispel (Photinia villosa) oder Sumach (Rhus) aufragen.

Planen Sie die Rabatte zuerst auf dem Papier. Beachten Sie dabei, wie sich benachbarte Pflanzen gegenseitig beeinflussen, und stellen Sie Kontraste in Farbe, Form und Textur von Blüten und Blättern her.

PERFEKT GEPLANT

GEGENÜBER: *Die Rabatte umfasst mehrjährige Pflanzen in unterschiedlichen Höhen. Sie beginnt mit Federmohn* (Macleaya), *gefolgt von Garben* (Achillea) *und orangeroter Sonnenbraut* (Helenium). *Vorn wächst Fetthenne* (Sedum), *Katzenminze* (Nepeta), *Nelkenwurz* (Geum) *und Storchschnabel* (Geranium).

FARBKONTRAST

UNTEN: *Gelbes Brandkraut* (Phlomis) *und leuchtend violettroter Schopflavendel ergeben einen starken Kontrast.*

Bodendecker

In Gärten mit Schatten werfenden Bäumen und Sträuchern sollte man auf Bodendecker nicht verzichten. Diese Pflanzen bevorzugen nicht nur solche Wachstumsbedingungen, sondern sind auch hübsch anzusehen. Die sternförmigen weißen Blüten von Waldmeister *(Galium odoratum)* sowie die cremefarbenen Glocken von Beinwell *Symphytum grandiflorum* sind es wert, diese Pflanzen zu ziehen. Vorsicht ist bei Gewächsen geboten, die sich stark ausbreiten.

Die meisten Bodendecker sind schnellwüchsig und füllen die Lücken in einer Pflanzung rasch mit einem grünen Teppich aus. Da sie auch den Boden schützen, dienen sie als lebendiger Mulch, der den Feuchtigkeitsverlust und die Ausbreitung von Unkraut reduziert. Bodendecker erhöhen auch die Oberflächenstabilität einer abschüssigen Fläche. Ihre niedrige Wuchsform verhindert, dass Regen die Erde wegspült, und selbst starker Wind kann die Pflanzen nicht entwurzeln.

EIN ROSAWEISSER TEPPICH

UNTEN: *Zwei Sorten von Taubnessel* (Lamium) *ergeben vor einer Kletterrose eine kontrastreiche, schmale Rabatte. Selbst wenn die Blüte vorbei ist, kann man sich noch an den panaschierten Blättern erfreuen.*

BODENDECKER FÜR DEN SCHATTEN

OBEN: Weldmeister (Galium odoratum) *ist eine anmutige, Schatten liebende Bodendeckerpflanze, die im Frühling viele sternförmige weiße Blüten hervorbringt. Die getrockneten Blätter duften nach frisch gemähtem Heu – früher wurden sie zum Parfümieren von Wäsche benutzt.*

WILDBLUMENRABATTE

LINKS: Schwachwüchsige Stiefmütterchen (Viola tricolor) *dienen in dieser Wildblumenpflanzung aus Kornblumen* (Centaurea cyanus), *Gänseblümchen* (Bellis perennis) *und Klatschmohn* (Papaver rhoeas) *als Bodendecker.*

Waldgeißblatt (*Lonicera periclymenum*)

BEERENKASKADE

RECHTS: *Die leuchtenden roten Beeren des Waldgeißblattes 'Serotina' ergeben von Spätsommer bis Herbst einen dekorativen Hintergrund. Hier hängen sie kaskadenförmig über spät blühende Petunien und Sonnenhut (Rudbeckia).*

Hintergrundpflanzen

Eine Mauer oder ein Zaun stellen einen perfekten Hintergrund für Kletterpflanzen dar und unterstreichen die vertikale Dimension einer Rabatte. Kletterrosen verschönern zwar eine Mauer, aber viele alte Sorten blühen leider nur einmal. Man kann jedoch eine Rose mit einer Waldrebe *(Clematis)* kombinieren, die länger blüht und deren einfache Blüten hübsch mit den Rosenblüten kontrastieren. Ein Geißblatt sorgt für Duft und, falls es zu den Immergrünen zählt, im Winter für Farbe.

Selbst wenn Rabatten von grünen Hecken umgeben sind, wirken Farbtupfen durch rankende Pflanzen wie die einjährige Kletternde Kapuzinerkresse *(Tropaeolum peregrinum)* oder kriechender Phlox auflockernd. Die höchsten Pflanzen – Bäume, Sträucher und hohe Stauden wie Federmohn *(Macleaya)*, Stockrose *(Alcea)* und Kugeldistel *Echinops ritro* – sollten nahe der Begrenzung wachsen. Ist die Rabatte sehr breit, erleichtert ein verborgener Pfad zwischen der Begrenzung und den Pflanzen ihre Pflege.

Waldrebe *Clematis* 'Pink Fantasy'

Die starkwüchsige Anemonenwaldrebe (*Clematis montana*)
windet sich durch einen Goldregenbaum (*Laburnum*) und
bildet im Frühling ein hübsches Dach über der Gartenbank.

Waldrebe *Clematis florida* 'Sieboldii'

Waldrebe *Clematis* 'Madame Julia Correvon'

Waldrebe *Clematis* 'Fuji-musume'

Waldreben

Sie sind in vielen verschiedenen Formen erhältlich, von den zarten, hängenden Glocken der Alpenwaldrebe (*Clematis alpina*) bis zu den gefüllten, großen Blüten der Hybriden. Waldreben können vom Frühling bis in den Spätherbst blühen – und nach der Blüte tragen sie hübsche Samenstände. Die Alpenwaldrebe öffnet als erste im Frühling ihre sternförmigen Blüten; *C. florida* 'Sieboldii' blüht ebenfalls früh, während 'Madame Julia Correvon' im Hochsommer ihre Blütenpracht zeigt.

Einfassungen

Nachdem alle blühenden und strukturierenden Pflanzen in der Rabatte Platz gefunden haben, umgibt man sie mit einer Einfassung. Katzenminze *(Nepeta)*, Frauenmantel *(Alchemilla)*, Veilchen *(Viola)*, Nelken *(Dianthus)* und Lerchensporn *(Corydalis)* bilden sanfte Hügel und lockern Weg- und Rasenkanten etwas auf.

Für eine beständige Einfassung eignen sich Polster bildende Pflanzen und Immergrüne am besten. Durch einen gelegentlichen Schnitt entstehen akkurate Linien. Die mauvefarbene Hängepolster-Glockenblume *(Campanula poscharskyana)* bringt nach ihrer Hauptblüte im Juli oft noch einmal Blüten hervor, vorausgesetzt, man entfernt die ersten. Kapkörbchen *(Dimorphotheca)* besitzt hübsche Korbblüten und dunkelgrüne Blätter; es ähnelt der Hundskamille *Anthemis punctata* ssp. *cupaniana,* die gefiederte graue Blätter hat. Grenzt die Rabatte an einen Rasen, so kann man sie mit Pflastersteinen in Höhe des Rasens einfassen. Sie ermöglichen es, den Rasen bis zum Rabattenrand zu mähen, ohne dass man überhängende Pflanzen hochbinden muss. Zudem dämmen sie wuchernde Gewächse ein.

FARBE BIS ZUM RAND

OBEN: *Katzenminze 'Six Hills Giant' und Spornblume* (Centranthus ruber) *bilden eine dichte, farbige Einfassung.*

BLÜTENSCHWADEN

RECHTS: *Frauenmantel mit seinen gelbgrünen Blüten kennzeichnet den Rand der Rabatte. Seine hübschen Blätter sind leicht schalenförmig und bergen morgens oft Tautropfen.*

VIOLETTROTER SCHLEIER

GEGENÜBER: *Üppige Katzenminze fasst ein Rosenbeet ein. Falls sie zu sehr wuchert, wird sie einfach stark zurückgeschnitten.*

Die Harmonie der Rabatte

Bei der Planung einer Rabatte muss man den Effekt jeder einzelnen Pflanze auf die Rabatte mit berücksichtigen. Konzentrieren Sie sich auf Form-, Textur- und Farbkontraste: Die violettroten Blütenähren der Prachtscharten *(Liatris)* passen zu den weißen Blütenwolken von Schleierkraut *(Gypsophila)*, und gelbe Garben *(Achillea)* werden durch die pflaumenblauen Blüten der Beifuß-Art *Artemisia lactiflora* abgeschwächt. Gartenkataloge geben wichtige Informationen – es macht keinen Sinn, einen rosaroten Phlox mit einem blauen Storchschnabel *(Geranium)* zu kombinieren, wenn sie nicht zur gleichen Zeit blühen. Solitärpflanzen passen meist nicht in eine Rabatte, ausgenommen sie stellen bewusst einen Blickfang dar. Wie bei Blumensträußen gilt auch bei Rabatten die Regel: Pflanzen in ungeraden Zahlen arrangieren. Langen Rabatten verleiht die Wiederholung von Gruppen einen Rhythmus von Farbe, Textur und Form.

Päonie
(Paeonia)

FORM DURCH WIEDERHOLUNG

OBEN: Die Wiederholung von hohem Muskatellersalbei (Salvia sclarea) verleiht dieser Rabatte einen gewissen Grad an Zusammenhang und Formalität.

EIN HARMONISCHES ARRANGEMENT

LINKS: Die Kerzen von Lupinen und Rittersporn kontrastieren mit den lockeren weißen Pompons der Kletterrose. Beifuß und Salbei verbinden die Rabatte in mittlerer Höhe.

Blickfänge in der Rabatte

Eine Solitärpflanze oder ein anderer Blickfang in einer Rabatte zieht stets Aufmerksamkeit auf sich. Man stelle sich eine Palmlilie *(Yucca)* vor, wie sie mit ihrem gefurchten Stamm, den schwertförmigen Blättern und glockigen Blütenrispen aus einem Beet mit zartem Storchschnabel und Wogen von Katzenminze aufragt. Ähnliche Solitärpflanzen sind Neuseeländer Flachs *(Phormium)* und Fackellilie *(Kniphofia),* die in einer Rabatte stets für Überraschung sorgen und mit ihrem exotischen Erscheinungsbild ein tropisch anmutendes Element bilden.

Mit Pflanzen wie der kandelaberförmigen Edeldistel *Eryngium pandanifolium,* die 2,40 m Durchmesser erreicht, oder den Wolken des Riesenschleierkrauts *(Crambe cordifolia)* lassen sich in Rabatten Blickfänge wie Ausrufungszeichen setzen. Gräser eignen sich gut für Highlights in Blumenrabatten, da ihre schmalen Blätter den weichen Blütenformen einen graphischen Akzent hinzufügen. In einem großen Beet sieht Pampasgras *(Cortaderia selloana)* einfach atemberaubend aus. Die etwas unschönen unteren Blätter werden durch andere Pflanzen verdeckt. Für kleine Rabatten eignet sich Chinaschilf *(Miscanthus): M. sinensis* trägt silberviolette Blüten, während die Blätter von 'Zebrinus' gelbe Querstreifen zeigen. Gräser bringen auch Bewegung in die Rabatte, da sie sich im Wind wiegen.

ALLE BLICKE AUF MICH!
RECHTS: Rotgelbe Fackellilien (Kniphofia) *stellen in einer Rabatte immer ein auffälliges Element dar. Gelbweiße Sorten eignen sich mehr für ein Pflanzschema in gedämpften Farbnuancen.*

HÖHEPUNKT IM GRÜNEN
GEGENÜBER: 'Sundowner', *eine zweifarbige Sorte von Neuseeländer Flachs* (Phormium), *ragt aus einer grünen Laubmenge hervor, die aus Fetthenne* (Sedum), *Ziertabak* Nicotiana 'Lime Green' *und niedrigen Gräsern besteht.*

Form durch Sträucher

Die Struktur einer gemischten Rabatte wird durch kleine Bäume und Sträucher geprägt. Sie stellen nicht nur das beständige Gerüst einer Rabatte dar, sondern fügen ihr auch ein umfangreiches Spektrum an Farbe und interessante Wuchsformen hinzu.

EINE AUSWAHL VON STRÄUCHERN
Eine geschickte Bepflanzung bezieht auch blühende Sträu-cher mit ein, wie etwa Säckelblume (links) *oder sonnen-liebenden Fingerstrauch 'Primrose Beauty'* (oben).

Bäume und Sträucher

Ein Baum ist meist die wertvollste Pflanze eines Gartens. Er ist nicht nur ein Blickfang, sondern bildet auch für viele Tiere einen attraktiven Anziehungspunkt.

Bei der Bepflanzung einer Rabatte fängt man mit Bäumen und Sträuchern an, erst dann füllt man die Lücken mit kleineren Gewächsen. Das Augenmerk sollte zunächst der Wuchshöhe gelten. Ein zu hoher Baum stört die Harmonie des Gartens und wirft zu viel Schatten. In Gartenkatalogen sind die Wuchshöhen von voll entwickelten Bäumen sowie nach fünf Jahren angegeben, sodass man eine Vorstellung von der Wuchsgeschwindigkeit bekommt.

Auch die Wuchsform ist von Bedeutung. Einige Bäume, wie etwa die 3,90 m hohe Echte Zypresse *Cupressus sempervirens* 'Swane's Gold', sind fast säulenförmig; andere wachsen konisch, wie die Weißbuche *Carpinus betulus* 'Fastigiata', die nach 20 Jahren 3 m Höhe erreicht. Der Storaxbaum *Styrax japonica* und der Gewöhnliche Trompetenbaum *(Catalpa bignonioides)* sind fast so breit wie hoch.

Diese Faktoren grenzen die Auswahl bereits ein. Doch Blüten, Früchte, Rinde und Herbstfärbung der Blätter können die Entscheidung, welcher Baum oder Strauch in die Rabatte passt, ebenfalls beeinflussen.

HINTERGRUNDBELEUCHTUNG
RECHTS: Die Strahlen der niedrig stehenden Sonne bringen die Blätter der Lambertsnuss Corylus maxima *'Purpurea' besonders zum Leuchten und machen die Blattnerven deutlich sichtbar.*

144

EIN FARBENPATCHWORK

LINKS: *Große Bäume wie Eiche (Quercus) und Atlaszeder (Cedrus atlantica) sowie Sträucher wie Spierstrauch (Spiraea) und Sauerdorn (Berberis) zeigen die enorme Bandbreite an Farbe, Form und Größe von Gehölzen.*

HERRLICHE MAGNOLIEN

UNTEN: *Magnolien zeigen schon früh im Jahr ihre wunderbaren Blüten. Obwohl sie frostempfindlich sind, lohnt ihr atemberaubender Anblick das Risiko, diese Bäume zu pflanzen.*

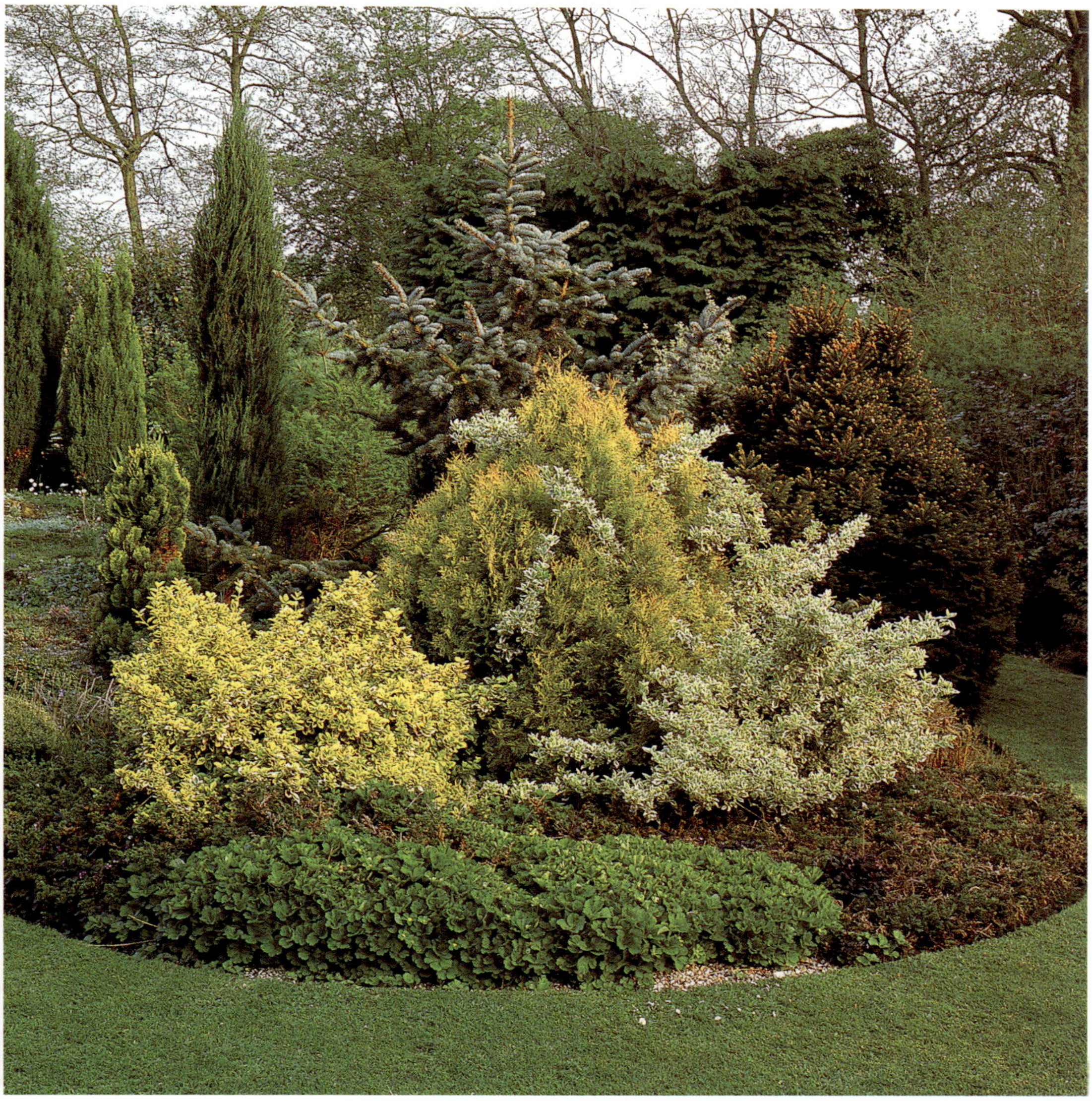

IMMERGRÜNE INSEL

LINKS: *Dieses Inselbeet aus Koniferen und Immergrünen zeigt, wie mit niedrigen, panaschierten Spindelstrauch-Arten Aufmerksamkeit und Ausgewogenheit erzielt werden kann. Hohe Tannen verleihen dem Beet eine vertikale Dimension.*

PUZZLE AUS IMMERGRÜNEN

GEGENÜBER: *Vor dem Hintergrund einer klassischen dunkelgrünen Eibenhecke verschmelzen die unterschiedlichen Formen niederliegender Immergrüne mit herrlich gefärbtem Heidekraut* (Calluna).

Immergrüne

Immergrüne bieten das ganze Jahr über Farbe und Struktur. Charakteristisch dunkelgrüne Solitärpflanzen wie Eibe *(Taxus)*, Stechpalme *(Ilex)* und Riesenlebensbaum *(Thuja plicata)* passen gut zu gelbgrünen Arten wie Sicheltanne *Cryptomeria japonica* 'Elegans Aurea' oder blaugrüne Fichte *(Picea)*. Auch eine Unterpflanzung aus niedrigen, panaschierten Sträuchern, etwa Spindelstrauch *(Euonymus)*, harmoniert.

Immergrüne kommen am besten inmitten anderer Pflanzen zur Geltung. In Kombination mit sommergrünen Arten entsteht eine offene, abwechslungsreiche Struktur, die auch im Winter noch für Farbe sorgt. Der Erdbeerbaum *(Arbutus unedo)* trägt im Herbst duftende weiße Blütenbüschel und oft gleichzeitig Früchte. Koniferen wirken immer interessant – zum Beispiel die Koreanische Tanne *(Abies koreana)*, ein schwachwüchsiger, pyramidenförmiger Baum mit dunklen, glänzenden, unterseits silbrigen Nadeln und hübschen, aufrechten violettblauen Zapfen.

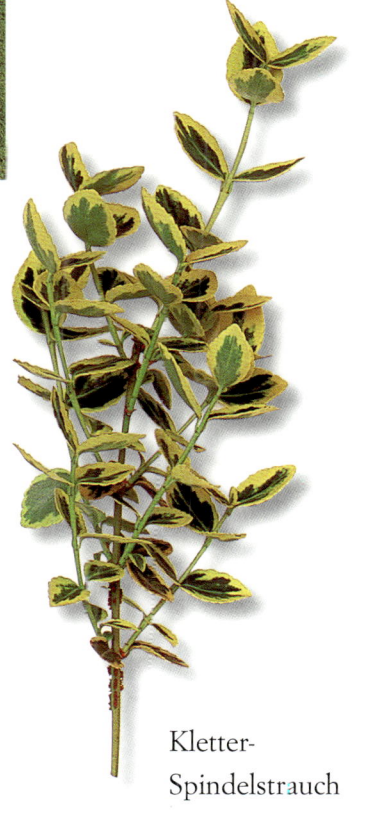

Kletter-Spindelstrauch
Euonymus fortunei
'Emerald 'n' Gold'

Sträucher für kleine Beete

Mit Sträuchern lässt sich eine herrliche Struktur bilden, aber für kleine Beete sind sie oft zu starkwüchsig. Es gibt jedoch viele Sträucher, die kompakt und langsam wachsen oder die man durch einen Schnitt in Schach halten und sogar verschönern kann.

Buchsbaum *(Buxus)* bleibt durch regelmäßiges Schneiden klein und eignet sich gut für den Formschnitt; man kann ihn rund oder als Einfassung eckig schneiden. Strauchveronika *(Hebe)* ist eine herrliche Immergrüne: Es gibt viele niedrige Arten, die sich sogar als Bodendecker eignen und gut in kleine, gemischte Rabatten passen. Die Sorte 'Autumn Glory' blüht von Sommer bis Herbst. Schneidet man sie alle vier Jahre im Frühling zurück, behält sie ihre Form.

Lavendel *(Lavandula)* kann zu Hügeln geschnitten werden, die im Sommer mit Blüten übersät sind. Da der kleine Strauch leicht verholzt, nimmt man im Winter Stecklinge, um unschöne Pflanzen zu ersetzen. Rosmarin *(Rosmarinus)* sieht als lockere Hecke hübsch aus, aber auch die niederliegende Sorte 'Jackman's Prostrate' ist für kleine Beete geeignet.

EIN FREUNDLICHER SCHNITT
OBEN: Lavendel und silberlaubiges Helichrysum italicum *profitieren von einem jährlichen Schnitt – Lavendel im Frühling und eventuell im Herbst, frostgeschädigte Triebe der Strohblume im Frühling.*

DIE STARS EINER KLEINEN RABATTE
RECHTS: Strauchveronika sind hübsche, kleine immergrüne Sträucher mit schönen Blättern und Blüten, die sich den ganzen Sommer über bis in den Herbst öffnen. Die buschige Hebe x francis-cana *'Variegata' ist bedingt winterhart.*

Panaschierte und silbrige Pflanzen

Silber und Grau bereichern in Rabatten eine begrenzte Farbpalette und dämpfen extreme Farben. Grau ergänzt auch gut ein Pflanzschema in zurückhaltenden Tönen. Silber- und graulaubige Sträucher, wie Lavendel, Heiligenkraut *(Santolina)*, Beifuß *(Artemisia)* und Brandkraut *(Phlomis)*, eignen sich zudem für trockene, sonnige Plätze, da sie nicht so schnell verbrennen.

Panaschierte Sträucher sind etwas empfindlicher; manche verlieren an zu sonnigen Standorten ihre Färbung. Sie lockern eine rein grüne Pflanzung auf und verleihen einer düsteren Ecke etwas Helligkeit – panaschierte Stechpalmen *(Ilex)* eignen sich hierfür sehr gut; *I. aquifolium* 'Silver Queen' bewahrt ihre herrlich weißrandigen Blätter an jedem Platz.

Vom Spindelstrauch *(Euonymus)* gibt es panaschierte Formen, deren Blätter sich im Laufe der Jahreszeiten verfärben – die goldrandigen des Kletter-Spindelstrauches 'Emerald 'n' Gold' werden im Winter rosarot.

Vexiernelke
(Lychnis coronaria)

ZWEI BLICKFÄNGE

OBEN: *Der Tatarische Hartriegel* Cornus alba 'Sibirica Variegata' *besitzt cremeweißgrüne Blätter. Im Winter wirft er sie ab und zeigt scharlachrote Zweige.*

Silberwinde
(Convolvulus cneorum)

Nelke
(Dianthus)

Levkoje
(Matthiola incana)

Lavendel
(Lavandula)

Strohblume
Helichrysum italicum

Katzenminze
Nepeta x *faassenii*

VIOLETT, GOLD UND SILBER

RECHTS: Die Zweige einer panaschierten Weigelie durchdringen einen goldlaubigen Blumenhartriegel sowie den bronzevioletten Hintergrund aus Sauerdorn.

Heiligen-kraut *Santolina chamae-cyparissus*

Kreuzkraut *Senecio* 'Sunshine'

Efeu *Hedera colchica* 'Dentata Variegata'

Zwergmispel *Cotoneaster atropurpureus* 'Variegatus'

Graublattfunkie *Hosta fortunei* 'Aurea Marginata'

Apfelminze *Mentha suaveolens* 'Variegata'

Geißfuß *Aegopodium podagraria* 'Variegatum'

Strauchrosen

Eine gemischte Rabatte ist nicht vollständig, wenn sie nicht die Farbe und den Duft von Rosen aufweist. Mit wenigen Ausnahmen blühen Moderne Strauchrosen von Frühsommer bis Herbst; das regelmäßige Entfernen von verwelkten Blüten verlängert ihre Blühwilligkeit. Alte Rosen erfreuen uns dagegen nur zwei Wochen lang mit ihren Blüten.

Doch wenn Sie dem nostalgischen Charme der fast runden, dichten oder den merkwürdig geteilten Blüten erlegen sind – Züchter haben diese Rosen mit der Eigenschaft, mehrfach zu blühen, versehen: Sorten wie 'Graham Thomas', 'Leander' und 'Charles Rennie Mackintosh' besitzen das Aussehen Alter Rosen und blühen öfter als einmal.

Rosen sehen in gemischten Pflanzungen am schönsten aus, aber man kann mit ihnen auch ein eigenes formales Beet anlegen. Ihre nackten Stiele kaschieren Begleitpflanzen wie Lavendel, Katzenminze und Storchschnabel.

ROSEN OHNE ENDE

LINKS: *Die rosarote 'Mary Rose' und die gelbe 'Graham Thomas' werden durch violettrote Gartenstiefmütterchen und zwei überhängende Bäume – Ahorn (Acer) und Birnbaum (Pyrus) – ergänzt.*

ALTEHRWÜRDIGE ROSE

UNTEN: *Die Essigrose Rosa gallica 'Versicolor', eine der ältesten kultivierten Rosen, trägt ihre gestreiften Blüten nur wenige Wochen lang.*

ALTE UND NEUE EIGENSCHAFTEN

OBEN RECHTS: *Die romantisch anmutende Rose 'Graham Thomas' trägt große, gefüllte Blüten in einem warmen Gelb, die öfter als einmal erscheinen.*

EIN BEET MIT ROSEN

OBEN: *In dieser formalen Anlage wachsen mit Löwenmäulchen unterpflanzte Rosen inmitten einer akkuraten Buchsbaumeinfassung.*

Blühende Sträucher

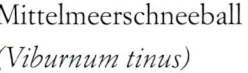

Es gibt viele blühende Sträucher, die einer Rabatte fast problemlos Farbe und Form verleihen. Einer der anspruchslosesten ist die Hortensie *(Hydrangea)*. Sie blüht von Frühsommer bis Herbst im Halbschatten und braucht nur selten einen Schnitt. Je nach Sorte trägt sie lange Rispen, fast kugelige (Mophead) oder tellerförmige Blütenstände mit großen, randständigen Schaublüten (Lace-cap). Leider ist der Frost ihr großer Feind, doch selbst wenn er einige Blütenknospen vernichtet, die gesamte Pflanze wird kaum eingehen.

Der immergrüne Mittelmeerschneeball *Viburnum tinus* blüht von Spätherbst bis Winterende. Seine Blüten nehmen mit der Zeit rosarote Flecken an; ihnen folgen blauschwarze Früchte. Auch die Seidelbast-Art *Daphne acutiloba* ist immergrün. Im Sommer trägt sie weiße Blüten und im Herbst scharlachrote Beeren. Sie ist ideal für kleine Gärten, da sie selbst nach Jahren nur 1,50 m erreicht. *D. mezereum* ist eine duftende, aber sommergrüne Art.

Mittelmeerschneeball
(Viburnum tinus)

ZARTE GLOCKEN

GEGENÜBER, LINKS: Die Scharlachfuchsie (Fuchsia magellanica) *zählt zu den robusten Fuchsien und blüht monatelang. In mildem Klima kann sie eine Höhe von 3 m erreichen.*

BEERENPRACHT

GEGENÜBER, RECHTS: Skimmia japonica *trägt im Frühling Rispen aus kleinen weißen Blüten. Bei weiblichen Pflanzen folgen scharlachrote Früchte, wenn eine männliche Pflanze in der Nähe wächst.*

SCHUTZ FÜR STRÄUCHER

LINKS: Die hohe Mauer bietet der blau blühenden Säckelblume (Ceanothus) *in der gemischten Strauchrabatte genügend Schutz. Es sind auch Sorten mit rosaroten Blüten erhältlich.*

VOLL ERBLÜHTE SCHÖNHEIT
UNTEN: *Die lebhaft rosaroten Mophead-Blüten der Gartenhortensie* Hydrangea macrophylla *'Altona' nehmen im Früh-herbst ein Purpur- bis Violettrot an. Der Strauch wird etwa 90 cm hoch.*

Fuchsien *(Fuchsia)* benötigen wie Hortensien genügend Platz. Robuste Sorten bilden eine dichte Hecke, Zwergformen dienen als Einfassungspflanzen. Die Farbe der panaschierten Form der Scharlachfuchsie *(F. magellanica)* wechselt zwischen Graugrün und hellem Rosarot und ist in Frühling und Herbst besonders intensiv.

Säckelblumen *(Ceanothus)* schätzen eine Südmauer. *C.* x *veitchianus* bietet im Spätfrühling mit dunkelblauen Blütenbüscheln einen hübschen Anblick.

HERBSTFARBEN

LINKS: *Diese abwechslungsreiche Strauchrabatte beinhaltet Solitärpflanzen wie Blumenhartriegel* (Cornus florida), *dessen leuchtend rote Zweige nach dem Laubfall sichtbar werden, sowie eine überhängende Zwergmispel* (Cotoneaster) *mit vielen Früchten.*

Einen Strauch pflanzen

Container-Sträucher kann man das ganze Jahr über pflanzen, außer der Boden ist gefroren oder ausgetrocknet. Zuerst gräbt man einen großen Bereich in der Rabatte um, da sich sonst das Wasser in dem lockeren Erdreich des Pflanzloches sammelt und die Strauchwurzeln faulen. Der Strauch sollte gut gewässert werden, bevor man ihn aus dem Topf nimmt. Beim Einsetzen darauf achten, dass der Strauch genauso tief wie im Topf sitzt. Ist der Boden trocken, regelmäßig wässern, bis der Strauch gut angewachsen ist.

1 *Ein Loch graben, das etwas größer als der Container ist. Den Boden des Loches mit einer Gabel lockern. Etwas Knochenmehl zufügen; bei Bedarf wässern.*

2 *Ist das Wasser versickert, den Strauch einsetzen. Um den Wurzelballen vorsichtig Erde einfüllen und mit den Füßen festtreten. Anschließend gut wässern.*

Rhododendron yakushimanum

Je nach Alkalität oder Acidität der Erde wechseln blaue und rosarote Hortensien *(Hydrangea)* ihre Farbe.

Schopflavendel *(Lavandula stoechas)*

Heliotrop *Heliotropium arborescens* 'Marine'

Blühende Sträucher

Blühende Sträucher sind in vielen unterschiedlichen Größen und Formen erhältlich, von frostempfindlichem Heliotrop, das oft als sommerliche Beetpflanze verwendet wird, über Lavendel, Alpenrosen und Hortensien bis zu frühlingsblühenden herrlichen Magnolien. Unter ihnen finden sich die unkompliziertesten Pflanzen für den Garten – vorausgesetzt, sie bekommen von Anfang an die notwendigen Wachstumsbedingungen.

immergrüne Magnolie *Magnolia grandiflora* 'Exmouth'

159

Unentbehrliche Stauden

Ein Garten benötigt Stauden, damit er Jahr für Jahr Farbe, Struktur und Blickfänge bieten kann. Stauden dienen als Grundlage des Pflanzschemas. An ihren Blüten erfreuen wir uns jedoch während der ganzen Saison.

FARBWOLKEN
Robuste Stauden wie die Vexiernelke Lychnis coronaria *'Alba'* (links) *und die Nelke* Dianthus *'Icomb'* (oben) *stellen die Stütze einer Rabatte dar.*

UNENTBEHRLICHE STAUDEN

ZWEI NUANCEN VON VIOLETT

RECHTS: *Das intensive Dunkelviolett des Sommersalbeis* (Salvia nemorosa) *wird von den fliederfarbenen Blüten des Storchschnabels* (Geranium) *im Hintergrund abgeschwächt.*

WEGWEISEND

UNTEN: *Die beiden traditionellen Staudenrabatten säumen einen Grasweg, der zu einem Wasserelement führt.*

Stauden

Pflanzen, deren oberirdische Triebe jeden Winter absterben, während sie bis zum Frühling ruhen, bezeichnet man als Stauden. Im Gegensatz zu Sträuchern verholzen sie nicht. Ursprünglich waren Staudenrabatten Sommerbepflanzungen, doch heute geht man dazu über, Stauden mit Sträuchern, Bäumen, Zwiebelblumen und Einjährigen zu kombinieren, damit eine ausgeglichene und lang haltende Pflanzung entsteht. Viele Freizeitgärtner setzen Stauden mit Blüten gleich, wie etwa Rittersporn *(Delphinium)*, Mohn *(Papaver)*, Lupine *(Lupinus)*, Salbei *(Salvia)* und Bartfaden *(Penstemon)*. Wer sie anpflanzt, hat nie Mangel an Schnittblumen. Einige der höheren Arten, etwa Rittersporn, Stockrose *(Alcea)*, Ochsenzunge *(Anchusa)* und Königskerze *(Verbascum)*, brauchen eine Stütze für ihre Blütenkerzen. Manche verlieren ihre Blühwilligkeit, wenn man sie nicht alle paar Jahre durch Teilen verjüngt. Die eine oder andere Pflanze benötigt bei kaltem Wetter eine schützende trockene Mulch- oder Strohdecke. Generell gesehen, stellen Stauden jedoch geringe Ansprüche.

FORM UND FARBE

OBEN: *In dieser Rabatte sind Blattformen genauso wichtig wie Blütenfarben. Die langen, schmalen Blätter der Schwertlilien* (Iris) *und die glänzenden, runden der Bergenien unterstreichen die roten und rosaroten Blüten von* Lavatera, *Salbei* (Salvia) *und der Dahlien sowie die kleinen Blüten der Roten Wildskabiose* (Knautia macedonica).

163

Stauden für den Frühling

Einer der ersten Frühlingsboten unter den Stauden ist das Lungenkraut *(Pulmonaria)* mit blauen, weißen oder rosaroten röhrenförmigen Blüten und behaarten silberfleckigen Blättern. Es gibt in schattigen Ecken einen guten Bodendecker ab.

Ihm folgen zwei Pflanzen mit Blüten an gebogenen Stielen: Salomonssiegel *(Polygonatum)* und Herzblume *(Dicentra).* An einem geschützten Platz blüht die Herzblume wochenlang. Die Gemswurz *(Doronicum)* öffnet etwa zur gleichen Zeit goldfarbene Korbblüten.

Als niedrige Pflanzen eignen sich früh blühende Kissenprimel *(Primula vulgaris)* und das blaue Kaukasusvergissmeinnicht *(Brunnera)* mit seinen herzförmigen Blättern. Die Beinwell-Art *Symphytum grandiflorum* mit ihren cremefarbenen Glockenblüten ist ein Bodendecker für schattige Plätze.

Wolfsmilch *(Euphorbia)* zählt zu den unkonventionellen Stauden für Frühling und Sommer. Die Blüten von *E. characias* ssp. *wulfenii* erscheinen im Spätfrühling und sind charakteristisch für ausgewachsene Exemplare, die 1,80 m Höhe erreichen.

DER FRÜHLING ZIEHT EIN

OBEN: An den Stielen des früh blühenden Lungenkrauts sitzen sowohl blaue als auch rosarote Blüten.

WOLFSMILCH IM FRÜHLING

RECHTS: Zwischen roten Spornblumen (Centranthus ruber) *ragen die eigenartig konisch geformten gelbgrünen Blütenstände von* Euphorbia characias ssp. wulfenii *auf.*

REIN WEISSE HERZEN

RECHTS: *Die Blüten von 'Alba', der wei-*
ßen Form des Tränenden Herzens
(Dicentra spectabilis), *hängen in per-*
fektem Abstand zueinander am Stiel.

ÜBERGANG ZUM SOMMER

UNTEN: *Spät blühende Frühlingstulpen*
und Hornveilchen (Viola cornuta) *über-*
brücken die Zeit, bis die Flockenblumen
(Centaurea) *im Frühsommer erblühen.*

Goldrute *(Solidago)*

Stauden für den Sommer

Sommerliche Rabatten sollten Ihre Lieblingspflanzen aufweisen, etwa Päonien mit gefüllten oder einfachen Blüten, wie sie bereits im alten China gezogen wurden, Akeleien *(Aquilegia),* die sowohl in der Sonne als auch im Schatten blühen, und Eisenhut *(Aconitum),* der neben pastellfarbenem Phlox wächst.

Rittersporn *(Delphinium)* zählt zu den klassischen Rabattenstauden für den Sommer; er ist von Nachtblau über Zartrosa bis Cremeweiß erhältlich. Er kann bis zu 2,10 m erreichen und braucht eventuell eine Stütze. Begleitpflanzen verdecken die unschönen Stiele, wenn seine Blüte vorbei ist: Phlox in Rosarot und Weiß, Sterndolde *(Astrantia)* und Garben *(Achillea)* in gedämpften Farben eignen sich hierfür besonders gut.

Ab dem Spätfrühling bietet Mohn *(Papaver)* einen herrlichen Anblick. Die steifen Blüten des Türkischen Mohns *(P. orientale)* sind fast tellergroß und erscheinen in Rosarot, Orange, Weiß oder Rot; sie sollten so unauffällig wie möglich gestützt

ZWISCHEN DEN JAHRESZEITEN

RECHTS: Sobald die elegant gespornten Blüten der Akeleien (Aquilegia) *erscheinen, ist der Sommer nicht mehr weit.*

SOMMERLICHE KORBBLÜTLER

GEGENÜBER: Gelbe Sonnenbraut (Helenium), *gelbe und weiße Margeriten* (Leucanthemum) *sowie die zottelige Sorte 'Esther Read' wachsen hier neben Goldrute* (Solidago) *und einem herrlichen Weiderich* (Lythrum).

IN VOLLER BLÜTE

UNTEN: Rittersporn und Fingerhut wetteifern in dieser üppigen Rabatte mit Schlafmohn und weiß blühender Lichtnelke um Höhe.

und nach Verblühen zurückgeschnitten werden, damit die Rabatte ordentlich erscheint. Einige Stiele kann man jedoch belassen, da die Samenkapseln durchaus dekorativ sind.

Salbei *(Salvia)* hellt Rabatten im Spätsommer auf. *S. patens* blüht blau und wird nur 60 cm hoch, dagegen erreicht *S. involucrata* 'Bethellii' 1,50 m und trägt rosa- und violettrote Blüten. Die hübschen rosaroten oder weißen Blütenstände der Gelenkblume *(Physostegia)* erscheinen ebenfalls spät.

AUFRECHTE BLÜTEN

LINKS: Lupinen gehören zur Familie der Schmetterlings-blütler und besitzen deren charakteristische Blüten in Orange, Gelb, Rot und Blau sowie dekorativ gefingerte Blätter.

Stauden stützen

Leider benötigen viele hohe Pflanzen eine Stütze, um starkem Wind und Regen standhalten zu können. Mit Bambusstöcken und Bast, beides preiswert in Gartencentern erhältlich, lassen sich die Pflanzen jedoch rasch aufbinden. Die Stütze muss nicht voll-ständig verborgen werden – einige zurechtgezupfte Blätter kaschieren sie bereits.

1 *Vier Bambus- oder Holzstöcke gleich tief, etwa 10–15 cm, um die Pflanze in den Boden stecken.*

2 *Mit Bast die Stöcke oben und unten verbinden; dabei den Bast jeweils fest um die Stöcke wickeln.*

Türkischer Mohn *(Papaver orientale)* bereichert den Garten im Sommer mit seiner herrlichen Blütenfarbe.

Türkischer Mohn
Papaver orientale 'Perry's White'

Türkischer Mohn *Papaver orientale* 'Curlilocks'

Scheinmohn *Meconopsis cambrica*

Türkischer Mohn *Papaver orientale* 'Cedric Morris'

Mohn

Für einige Wochen im Sommer ist Türkischer Mohn der König der Rabatte. Seine Kronblätter erinnern an Seidenpapier, seine Stiele an Ruß, und seine grünen Knospen sind pelzig weich. Es gibt etwa 60 Sorten. 'Curlilocks' hat gefranste Kronblätter, während 'Perry's White' zartrosa überhaucht ist. Scheinmohn (*Meconopsis*) gedeiht in schattigen Rabatten und blüht von Frühling bis zu den ersten Frösten. Himalajamohn (*M. betonicifolia*) zeigt ein herrliches Blau.

SCHLICHTE SCHÖNHEIT

LINKS: *Herbstanemonen (Anemone-Japonica-Hybriden) bilden mit ihren einfachen fünf- oder sechsblättrigen Blüten eine eindrucksvolle Gruppe – vorausgesetzt, sie wachsen ungestört.*

LETZTE FARBENPRACHT

RECHTS: *Das Rostorange der Sonnenbraut (Helenium) belebt im Herbst die Rabatte. Auch der hohe Federmohn (Macleaya) ist noch gut in Form. Das rosarote Crinum ist ein spät blühendes Zwiebelgewächs.*

ROTE UND ROSAROTE ASTERN

UNTEN LINKS: *Raublattastern (Aster novae-angliae) sind in Nordamerika heimisch und blühen im Herbst.*

Stauden für den Herbst

Einige Pflanzen signalisieren den nahenden Herbst: Herbstanemonen (Anemone-Japonica-Hybriden) machen bewusst, dass die Tage kühler werden, und die satten Violett- und Rottöne der Raublattastern *(Aster novae-angliae)* zeigen, dass es bereits Herbst ist.

Tatsächlich überwiegen in dieser Jahreszeit die in Nordamerika heimischen Astern. Sinkende Temperaturen veranlassen aber auch Sonnenbraut *(Helenium)*, mit ihren rostroten, bronze- oder orangefarbenen Blüten etwas Farbe in den Garten zu bringen. Ihre konisch vorstehenden Blütenmitten sind von zurückgebogenen Kronblättern umgeben. *Echinacea* zeigt die gleiche Blütenform, erweitert die Palette jedoch um Weiß und Violettrot. Sonnenhut *(Rudbeckia)* zeigt ein hübsches Gelb mit einer schwarzen Mitte. Selbst der Wasserdost *(Eupatorium)* mit seiner luftigen Blütenbüscheln gehört zur Familie der Korbblütler.

Fetthenne *(Sedum)* mit ihren fleischigen Blättern bringt im Herbst flache rosa und violettrote Blüten hervor. Und hohe Arten wie Fackellilie *(Kniphofia)* und Prachtscharte *(Liatris)* sehen wunderschön aus, wenn die Tage kälter werden.

BEZAUBERNDE GRÄSER

LINKS: Hohes, panaschiertes Chinaschilf (Miscanthus) *und die niedrigen Hügel des Schwingels* (Festuca) *bilden mit den zartgrauen und gelben Blütenständen der Königskerzen* (Verbascum) *eine naturnahe Bepflanzung. Gräser lassen in Herbst und Winter jeden Garten interessant aussehen*

175

Einjährige und Zwiebelpflanzen

Einjährige füllen die Lücken in Rabatten und beleben ein eintöniges Pflanzschema. Zwiebelgewächse verlängern dagegen die Saison der Blüte und sorgen im Sommer für Blickfänge.

ROSAROTE UND WEISSE EINJÄHRIGE
Die Blüten der einjährigen Kosmeen (Cosmos, links und oben) werden durch fiederschnittige Blätter ergänzt. Hier sind sie mit den ähnlichen Herbstanemonen kombiniert.

Zwiebelpflanzen für den Frühling

ZWIEBELPFLANZEN FÜR DEN FRÜHLING

FRÜHLINGSRABATTE

LINKS: Duftende Hyazinthen bilden inmitten von Traubenhyazinthen, Blaukissen und Zwergtulpen eine Insel.

BLAUWEISSE STERNE

UNTEN LINKS: Die anmutigen Blüten von Chionodoxa forbesii *eignen sich gut für den Rabattenrand.*

AZURBLAUE GLOCKEN

UNTEN RECHTS: Das Blausternchen (Scilla siberica) ist eine früh blühende Zwiebelpflanze für den Halbschatten.

Zwiebelgewächse versorgen eine gemischte Rabatte mit blühenden Pflanzen, wenn die meisten Stauden noch ihren Winterschlaf halten. Danach ziehen sie unauffällig ein und räumen für den Rest des Jahres anderen Blütenpflanzen den Platz. Da Zwiebelpflanzen weich und fleischig sind, benötigen die meisten gut durchlässige Erde. Wer sichergehen will, verteilt vor dem Einsetzen der Zwiebeln auf dem Grund des Pflanzloches eine Sandschicht. Nach der Blüte sollte man die Blütenstände sofort entfernen, damit die Pflanze ihre wertvollen Ressourcen nicht für die Samenbildung verwendet. Die Blätter müssen dagegen einziehen, bevor man sie knapp über dem Boden abschneidet. Widerstehen Sie dem Versuch, die Blätter zusammenzubinden, denn dadurch wird die Photosynthese behindert, und die Zwiebeln speichern zu wenig Energie, um im nächsten Jahr wieder schön zu blühen. Wachsen Zwiebelpflanzen im Rasen, sollte dieser erst sechs Wochen nach der Blüte gemäht werden.

Narzisse *(Narcissus)*
und Trauben-
hyazinthe *(Muscari)*

Viele Jonquillen *(Narcissus jonquilla)* verströmen einen angenehmen Duft.
Auch einige Arten von Hasenglöckchen *(Hyacinthoides non-scripta)*, Sternbergia, Krokus und Schneeglöckchen *(Galanthus)* duften, letztere sogar
leicht nach Honig. Narzissen und Schneeglöckchen vermehren sich und
müssen nach einigen Jahren geteilt werden. Tulpen nimmt man nach dem
Einziehen der Blätter aus dem Boden und lagert sie an einem trockenen
Platz – bis zum Herbst, wenn man sie wieder einpflanzt.

FARBREIHEN IN ROT UND GELB
OBEN: Narzissen, Maßliebchen (Bellis) *und Tulpen bilden abgegrenzte Farb-
reihen. Hohe Tulpenknospen verhindern, dass die Pflanzung künstlich wirkt.*

GOLDFARBENE WOLKE
*RECHTS: Damit eine Anlage naturnah wirkt, sollten Pflanzen üppig wachsen –
wie diese große Gruppe der Narzissen-Sorte 'Peeping Tom'.*

Zwiebelpflanzen für den Sommer

GEBALLTES GELBORANGE

LINKS: Gelbe Garben (Achillea) *und gelber Sonnenhut* (Rudbeckia) *führen das Gelborange der Montbretien* (Crocosmia x crocosmiiflora) *fort.*

GEWAGTE FARBKOMBINATION

UNTEN: *Orange und rote Montbretien wurden in diesem spätsommerlichen Garten mit hellrosa* Lavatera *und gelber* Ligularia *kombiniert.*

Im Sommer blühende Zwiebel- und Knollenpflanzen bilden den Höhepunkt einer Rabatte. Riesenlilie (*Cardiocrinum giganteum*) und manche Gladiolen (*Gladiolus*) sind hohe, architektonisch wirkende Pflanzen. Lilien (*Lilium*) sehen in formalen Anlagen elegant aus, fühlen sich aber auch in naturnahen Pflanzungen wohl, besonders zusammen mit Strauchrosen und Phlox. Leuchtende Montbretien (*Crocosmia*) bieten starke Farbakzente; sie bilden dichte Gruppen, die nach einigen Jahren geteilt werden sollten. Dahlien sind in kräftigen Rot- und seltenen Rosatönen erhältlich; man kann unter verschiedenen Blütenformen auswählen, von Ball- über Cactus- und Pompon- bis zu Seerosen-Dahlien. Auch die metallisch rosa- und violettroten Blütenstände des Lauchs (*Allium*) ergeben einen verblüffenden Blickfang. Schneiden Sie verwelkte Blüten nicht ab, denn die Samenstände sind dekorativ.

Die unschuldig anmutenden weißen
Trichterblüten der Langblütigen Lilien
(*Lilium longiflorum*) ragen über niedrigen weißen Rosen und weißen Bart-
schwertlilien auf.

Lilie *Lilium nepalense*

Lilie *Lilium* 'Marie North'

Lilie *Lilium* 'Peggy North'

Pantherlilie (*Lilium pardalinum*)

Lilien

Sie zählen zu den schönsten Gartenblumen, und viele haben einen unübertroffenen Duft. Ihre Blüten sind trompeten-, trichter- oder sternförmig, manche besitzen auch zurückgebogene Kronblätter. Die meisten Lilien brauchen Sonne zum Blühen, aber Schatten für die Zwiebeln. In einer gemischten Rabatte gedeihen sie gut zwischen anderen Pflanzen. Lilien sehen am besten in einer großen Gruppe aus; sie sollten alle drei bis vier Jahre geteilt werden.

Einjährige für den Sommer

Bartnelke *(Dianthus barbatus)*

Einjährige Pflanzen keimen, blühen, bilden Samen und sterben ab – innerhalb eines Jahres. Dieser Zyklus macht sie zu Pflanzen, mit denen man beinahe sofort Farbeffekte erzielen, Lücken in Rabatten füllen und Stauden ergänzen kann.

Es gibt für jeden Boden und jede Umgebung eine Vielzahl von Arten in verschiedenen Farben, Größen und Formen, die sich leicht aus Samen ziehen lassen. Viele Arten samen sich selbst aus, sodass oft eine willkürliche Pflanzenzusammenstellung entsteht. Hat sich der Boden im Frühling erwärmt, kann die Aussaat direkt an der Stelle durchgeführt werden, an der die Pflanzen später blühen sollen. Ein bis zwei Wochen vorher gräbt man den Boden um und entfernt dabei Steine und Unkraut. Dann zieht man kleine Rillen, in die der Samen gestreut wird. Selbst wenn die Pflanzen später ineinander übergehen, sollte man in Rillen aussäen, da dadurch Unkraut und Sämlinge leicht zu unterscheiden sind.

EINJÄHRIGE IN ROSAROT

LINKS: *In dieser hübschen sommerlichen Rabatte ist einjähriger Ziertabak* (Nicotiana) *in Weißrosa und dunklem Kirschrot mit violettroten Petunien unterpflanzt.*

REINES ROSAROT

LINKS: Die rosaroten Petunien ergeben mit graublättrigen Strohblumen (Helichrysum) *einen zarten Kontrast. Petunien lassen sich aus Samen ziehen, man kann sie jedoch auch als Beetpflanzen kaufen und nach den letzten Frösten auspflanzen.*

Einjährige auspflanzen

Beetpflanzen sind in Gartencentern und selbst via Mailorder erhältlich. Wenn Sie sich für eine Palette mit Pflanzen entscheiden, sortieren Sie voll erblühte aus – diese haben bereits ihren Höhepunkt erreicht und halten vermutlich nach dem Einsetzen im Garten nicht sehr lange.

Beetpflanzen sollten stets in einem Kalten Kasten sieben bis zehn Tage lang abgehärtet werden, bevor man sie auspflanzt. Vor dem Auspflanzen muss man jedoch sichergehen, dass kein Frost mehr eintritt.

1 *Pflanzsubstrate neigen dazu auszutrocknen, deshalb werden Beetpflanzen vor dem Einsetzen in einer Schale 20 Minuten lang gewässert.*

2 *Töpfe am vorgesehenen Platz arrangieren. Für jede Pflanze ein Loch graben, den Topf entfernen und die Pflanze einsetzen. Zusammenhängende Pflanzen teilen.*

SONNENFAN GOLDMOHN

OBEN: *Goldmohn ist einfach*
zu ziehen. An einem sonni-
gen Platz ausgesät, gedeiht
er prächtig.

Einjährige wie Clarkie, Ringelblume *(Calendula),* Goldmohn *(Eschscholzia),* Kornblume (Centaurea cyanus) und Schwarzkümmel *(Nigella)* können Sie bereits im Herbst aussäen, wenn Sie für das kommende Jahr gut vorbereitet sein möchten. Falls Sie jedoch diese Zeit versäumt haben – viele Einjährige sind als Beetpflanzen erhältlich, darunter duftende Petunien, hohe Marienglockenblumen *(Campanula medium)* und Sommerastern *(Callistephus chinensis).*

RINGELBLUMEN IM KÜCHENGARTEN
OBEN: *Die orangefarbenen Ringelblumen* (Calendula) *heitern den Küchengarten mit ihrer Farbe auf.*

SELBST IST DIE BLUME
LINKS: *Einjähriger Mohn samt sich selbst
aus und ist in den meisten Gärten
gern gesehen.*

Einjährige für den Herbst

Spät blühende Einjährige produzieren mit ihren scharlachroten, orangefarbenen und gelben Blüten meist ein Feuerwerk an Farben. Zu ihnen zählen Mädchenauge *(Coreopsis)*, Kokardenblume *(Gaillardia)* und Studentenblume *(Tagetes)*, die bis in den Herbst blühen. Amarant *(Amaranthus)* bietet mit seinen blutroten hängenden Blütenständen bis zum ersten Frost einen unübertroffenen Formkontrast. Für Pflanzungen in zarten Farben gibt es auch eine gelbgrüne Sorte. Kapuzinerkresse *(Tropaeolum)* blüht ebenfalls, bis der Frost sie absterben lässt. Einige Sorten wachsen buschig, andere kriechend, aber alle zeigen sich in nährstoffarmer Erde am blühfreudigsten, sodass man sie nicht mit einer gehaltvollen Mulchdecke versehen sollte. In dieser Jahreszeit verschönern auch Samenstände die Rabatte, wie etwa die kugeligen Kapseln von Schwarzkümmel *(Nigella)*, die papierdünnen Schoten des Judassilberlings *(Lunaria annua)* oder die graugrünen Kugeln des Mohns *(Papaver)*.

BUNTE HERBSTRABATTE

LINKS: *Kapuzinerkresse und Zinnien fügen der Rabatte bis zum ersten Frost leuchtendes Rosarot und Orange hinzu.*

JAHRESZEITENWECHSEL

RECHTS: *Die weiße Rabatte befindet sich im Übergang vom Spätsommer zum Herbst. Sie umfasst die hohe, duftende Tabak-Art* Nicotiana sylvestris, *Kosmeen und Strauchmargeriten* (Argyranthemum frutescens). *Die panaschierten Blätter der Funkien* (Hosta) *greifen das Weiß der Margeriten auf.*

Gartenringelblume *(Calendula officinalis*

Elfenspiegel *Nemesia strumosa* Carnival-Serie

Lavatera

Einjährige verleihen einer sommerlichen Rabatte ein furioses Farbenspektakel.

Jungfer im Grünen *(Nigella damascena)*

Einjährige

Sie sind für den Garten außergewöhnlich nützlich, denn sie wachsen schnell und fügen ihm beinahe sofort Farbe hinzu. Mit Einjährigen kann man überall im Garten wie auf einer Palette Farbflächen oder -tupfen schaffen. Zudem sorgen sie dafür, dass stets Schnittblumen verfügbar sind. Und noch einen Vorteil bieten sie: Es gibt viele Arten, die uns mit ihrem Duft erfreuen, wie etwa Petunien, Levkojen *(Matthiola)* und Ziertabak *(Nicotiana)*.

Farbpaletten

Eine Rabatte in einer bestimmten Farbe zu gestalten kann Spaß machen, aber auch eine Herausforderung bedeuten. Wählen Sie Ihre Lieblingsfarbe und gestalten Sie den Garten genauso phantasievoll und sorgfältig, wie Sie Ihr Haus dekorieren und einrichten.

GEGENSÄTZE ZIEHEN SICH AN

Ein Garten in Rot und Rosarot (links) *ist nichts für Zaghafte. Warme, leuchtende Farben wie dieses kräftige Rosarot* (oben) *heitern jeden Garten auf.*

MANCHE MÖGEN'S HEISS

RECHTS: Orangefarbene Inkalilien und roter Sonnenhut lodern gleich Flammen in dieser Rabatte mit creme-weißen Taglilien und gelben Königskerzen. Graue oder silbrige Pflanzen dämpfen die feurigen Farben.

Narzisse
Narcissus
'Tête-à-Tête'

Narzisse
Narcissus
'February
Gold'

Wohlriechende Wicke
(*Lathyrus odoratus*)

Rose *Rosa*
'Etoile de Hollande'

Akazie (*Acacia*)

Pelargonie *Pelargonium*
'Cascade'

196

Feurige Rabatten

In einer Rabatte unter brennender Sommersonne kommen gelbe, orangefarbene und rote Blüten gut zur Geltung. Doch erst die sinkende Sonne bringt diese Farben zum Glühen, sodass ihre Leuchtkraft in der Dämmerung erhöht wird. Naturgemäß ziehen diese Töne in jeder Pflanzung die Aufmerksamkeit auf sich. Da sie näher erscheinen, als sie tatsächlich sind, sollten sie in kleinen Gärten vorsichtig eingesetzt werden. Eine Rabatte in den Tönen der untergehenden Sonne umfasst vielleicht gelbe Stiefmütterchen, etwas höhere gelbe Taglilien *(Hemerocallis)* sowie orange- und scharlachrote Garben *(Achillea)* mit flachen Blütenköpfen. Feurig rote Dahlien, orangerote Kapuzinerkresse *(Tropaeolum)*, Sonnenbraut *(Helenium)* und Löwenmaul *(Antirrhinum)* beleben und verstärken das Gelb.

In der schwachen Frühlingssonne bilden orangeroter Goldlack *(Cheiranthus)*, Narzissen und scharlachrote Tulpen einen ähnlichen, wenn auch nicht so intensiven Effekt.

Nelke
(Dianthus)

Lilie
(Lilium)

Wucherblume
(Chrysanthemum)

Bartnelke
(Dianthus barbatus)

Mädchenauge *Coreopsis tinctoria*

197

GELB OHNE ENDE

*RECHTS: In diesem Bauern-
garten wachsen vor einem
mit Efeu bewachsenen Som-
merhaus einjährige gelbe
Ringelblumen* (Calendula)
und Studentenblumen
(Tagetes).

WARME UND KALTE FARBEN

*GEGENÜBER: Panaschierter
Hartriegel* (Cornus) *und
schneeweiße Herbstanemo-
nen* (Anemone-Japonica-
Hybriden) *bilden den Hintergrund für einen Streifen
aus Kokardenblumen* (Gaillardia) *und andere spätsom-
merliche Korbblütler.*

Gelbe Rabatten

Gelb ist eine sonnige, heitere Farbe. Wo immer sie im Garten eingesetzt wird, erzeugt sie Helligkeit und Auflockerung.

Die Gelbtöne von Narzissen, Winterling *(Eranthis hyemalis),* Winterjasmin *(Jasminum nudiflorum),* pastellfarbenen Kissenprimeln *(Primula vulgaris)* und Schlüsselblumen *(Primula veris)* sind zart und weisen einen Hauch Grün auf. Nach einem düsteren Winter sind sie als Boten einer freundlicheren Jahreszeit äußerst willkommen.

Das Gelb der Frühblüher ist problemlos in eine Rabatte zu integrieren, da es Begleitpflanzen nicht beeinträchtigt. Das kräftige Gelb von Sommerpflanzen, wie Garbe *(Achillea),* Montbretie *(Crocosmia),* Felberich *(Lysimachia),* Sonnenblume *(Helianthus),* Goldrute *(Solidago)* und Studentenblume *(Tagetes),* sieht jedoch in einer gemischten Pflanzung mit orangefarbenen und roten Blüten an sonnigen Sommertagen am schönsten aus. Wenn der Spätsommer in den Herbst übergeht und das Licht weicher wird, erinnert eine gelbe Rabatte an die Sonne des vergangenen Sommers.

Wucherblume
(Chrysanthemum)

Sonnenbraut *Helenium* 'Wyndley'

Die Korbblütler dieser Sommerrabatte werden durch silbrige Blattpflanzen ergänzt.

Tulpe *Tulipa tarda*

Garbe *Achillea filipendulina* 'Gold Plate'

onnenblume (*Helianthus*)

Gelbe Blüten

Von den ersten Krokussen und Narzissen im Frühling bis zu spätsommerlichen Korbblütlern wie Sonnenhut – gelbe Blüten sind im Garten fast immer vertreten. Wählen Sie aus einer nuancierten Gelbpalette, die das reine Sonnengelb der Einjährigen genauso aufweist wie die Messing- und Goldtöne von Garben oder das Gelb von Zwergtulpen, das die cremeweißen Spitzen der Blütenblätter betont. Gelb begleitet Sie in jeder Jahreszeit.

Rote Rabatten

Rot steht für Dramatik, Leidenschaft und Fülle – und eignet sich nicht für zaghafte Gemüter. Rot ist eine warme Farbe und rückt in den Vordergrund, sodass es mit Bedacht eingesetzt werden sollte.

Ein rotes Pflanzschema lässt sich nur schwer das ganze Jahr über verwirklichen, aber man kann einige Höhepunkte in Rot gestalten, die den Garten beleben. Eine Rabatte mit scharlachrotem Mohn (*Papaver*), der Montbretie *Crocosmia* 'Lucifer', roter Nelkenwurz (*Geum*), Rosen und Fackellilien (*Kniphofia*) besticht im Hochsommer. Mit roter Kapuzinerkresse (*Tropaeolum*), purpurroten Fuchsien und der scharlachroten Dahlie 'Bishop of Llandaff' kann man den Sommer verlängern; die dunklen bronzeviolettroten Blätter der Dahlie ergänzen eine rote Rabatte besser als das übliche sommergrüne Laub. Dazu passen die bronzefarbenen Blätter des Fenchels *Foeniculum vulgare* 'Purpureum', violettlaubiges Purpurglöckchen (*Heuchera*) und die blutroten Stiele und gewellten Blätter von Mangold (*Beta vulgaris*).

Rose (*Rosa*)

PRIMÄRFARBEN

LINKS: Rote Kapuzinerkresse bedeckt die Mauer und greift das Rot der Dahlie 'Ellen Huston' auf. Die blaue Schmucklilie (Agapanthus) *führt eine weitere Primärfarbe ein und bildet einen starken Kontrast.*

Kapuzinerkresse *Tropaeolum majus*

Lupine (*Lupinus*)

Klatschmohn (*Papaver rhoeas*)

Brennende Liebe (*Lychnis chalcedonica*

Silberlaubiger Wollziest *(Stachys byzantina)* dämpft das Rot von Dahlien und Tabak.

Rote Blüten

Scharlachrote Tulpen, Dahlien und Mohn-Arten – rote Blüten drängen im Garten in den Vordergrund. Pflanzen Sie sie mit Freude und Hingabe, aber nicht in der Nähe von zarten Pastelltönen, die durch sie an Wirkung verlieren. Am besten lassen sie sich mit anderen warmen Farben kombinieren. Ein Touch reines Blau verleiht einer roten Rabatte dagegen einen besonderen Kick.

Rabatten in zarten Farben

Die Bepflanzung von Gartenbegrenzungen in zarten, kühlen Farbschattierungen ist ein geschickter Trick, um kleine Gärten größer erscheinen zu lassen. Rosarote und blaue Blüten ergeben zusammen mit grauen Blättern ein weiches Pflanzschema. Kleine Akzente in Weiß fügen ihm Lichttupfen hinzu.

Ein lang blühender Strauch, wie etwa eine rosarote *Lavatera* oder Hortensie mit Rispen, verleiht der Anlage Beständigkeit. Weitere rosarot blühende Pflanzen sind Verbenen, Indianernessel *(Monarda)* und Bartfaden *(Penstemon)*. Ersetzt man eine der Pflanzen durch eine andere Art, so entsteht ein völlig neuer Effekt. Die Silber-Perovskie *(Perovskia atriplicifolia)* fügt der Pflanzung ein blaues Element hinzu, das durch Schmucklilien *(Agapanthus)* und Ochsenzunge *(Anchusa)* verstärkt wird. In einer Rabatte in kühlen Farben spielen Blätter eine wichtige Rolle. Die Vexiernelke *Lychnis coronaria* 'Alba' mit ihren grau behaarten Blättern und weißen Blüten passt perfekt dazu – sie hellt die gesamte Pflanzung auf.

Wohlriechende Wicke
(Lathyrus odoratus)

WOHLTUENDER ANBLICK
OBEN: *Blau und Rosarot ist eine unkomplizierte Farbzusammenstellung, wie diese Pflanzung aus Nachtkerze* (Oenothera) *und Kornblumen* (Centaurea cyanus) *zeigt.*

Rosa blühender
Gartensalbei
Salvia officinalis
'Rosea'

Akelei
Aquilegia vulgaris

Flieder *(Syringa)*

Hyazinthe *(Hyacinthus)*

206

ROSEN UND RITTERSPORN

RECHTS: Die violettblauen Blütenstände des Ritterporns (Delphinium) ragen über rosaroten Rosen auf. Höhepunkt dieser anmutigen Pflanzung ist eine Pergola, die mit weißen Kletterrosen bedeckt ist.

Phlox *Phlox* 'Chattahoochee'

Wiesenraute
(*Thalictrum*)

Gefleckte Taubnessel
(*Lamium maculatum*)

Waldrebe
Clematis 'Arabella'

Zierlauch
Allium aflatunense

Trachelium caeruleum

Blaue und violette Rabatten

Blau und Violett verleihen jeder Komposition Ruhe und Weite. Im Frühling wirken Hasen-glöckchen *(Hyacinthoides non-scripta)* zwischen den Bäumen eines Waldes wie ein blauer Schleier. Im Garten entsteht derselbe Effekt, wenn sich blaue und violette Pflanzen aussamen.

Eine in Blau und Violett gehaltene Rabatte umfasst etwa die früh blühende hellblaue Alpenwaldrebe *Clematis alpina* 'Francis Rivis' und Teppiche aus violettblauen Blausternchen *(Scilla)* und Vergissmeinnicht *(Myosotis).* Tintenblaue Schwertlilien *(Iris),* himmelblauer Lein *(Linum)* und ein Säckelblumenstrauch *(Ceanothus)* setzen das blaue Schema fort, das durch Storchschnabel *Geranium* 'Johnson's Blue' und die Waldrebe *Clematis* 'Jackmanii' noch gewinnt. Im Sommer ergeben violettrote Katzenminze *(Nepeta)* und weiße Rosen einen hüb-schen Kontrast. Wer nach Blattpflanzen sucht, sollte auf die Blaublattfunkie *Hosta sieboldi-ana, H.* 'Buchshaw Blue' sowie die Rose *Rosa glauca* mit ihren blau bereiften Blättern achten.

VIOLETTROTES PATCHWORK
RECHTS: *Eine romantische rosarote Rose ergänzt dun-kelviolettrote Lupinen und Salbei-Arten.*

VON BLAU ZU VIOLETT
UNTEN: *Die geschlossenen Knospen der Rittersporn-Sorte 'Carl Topping' weisen ein charakteristisches Blau auf, während die Blüten violett überhaucht sind.*

Vergissmeinnicht *(Myosotis)*

Schwertlilie *Iris sibirica* 'Perry's Blue'

Eine Fülle von Frühlingsbeetpflanzen in Violett und kontrastierenden Farben.

Storchschnabel *Geranium* x *magnificum*

chmucklilie *(Agapanthus)*

Blaue und violette Blüten

Violett, Mauve und Rotviolett haben jeweils die gleiche Basisfarbe: Blau. Hellblaue Vergissmeinnicht können allein oder als Hintergrund für auffälligere Pflanzen, wie Tulpen oder Goldlack, wachsen. Blaue Sommerblüher, wie etwa Schwertlilien, Schmucklilien und Glockenblumen, prunken mit verschiedenen rotvioletten Tönen. Sie ergänzen sich entweder gegenseitig oder werden durch gelbe und orangefarbene Blüten verstärkt.

211

Rosarote Rabatten

Rosarot ist eine zarte Farbe, die ganz unterschiedlich zum Ausdruck kommt – ob im Frühling an Apfelblüten oder an alternden weißen Hortensienblüten. Rosarot wirkt in einer Pflanzung besänftigend und beruhigend. Es tritt in vielen Nuancen auf, von hellen bis zu kräftigen Tönen.

Eine bonbonrosa Rabatte erhält durch einige magentarote Akzente, etwa von Lauch (*Allium*) und Lupinen, oder eine Prise Knallrot, das ja eigentlich nur das Ende der rosaroten Farbskala bildet, einen neuen Anstrich. Im Spätsommer lässt sich die Rabatte mit braunrotschwarzen Stockrosen (*Alcea*) oder portweinrotem Bartfaden (*Penstemon*) würzen.

Natürlich sollten rosarote Blüten nicht vergessen werden. Einige Rosen, wie die Essigrose *Rosa gallica* 'Versicolor' (»Rosa Mundi«) oder *R.* 'Ferdinand Pichard', sind scharlachrotweiß gestreift. Ihre Farben werden wiederholt von weißen Veilchen (*Viola*), scharlachrotweißen Bartnelken (*Dianthus barbatus*) und romantisch anmutenden Nelken mit filigranen Mustern auf gefransten Blüten.

ROSAROTE FARBPALETTE
RECHTS: *Diese bezaubernde Rabatte bedient sich des ganzen rosaroten Spektrums vom Violettschwarz der Stockrosen* (Alcea) *bis zum Zartrosa von* Lavatera.

ROSA ÜBER ROSA
UNTEN: *Zwischen aufrechten Prachtscharten* (Liatris) *und den dichten Blütenständen des Lauchs* Allium sphaero-cephalon *wird eine große Gruppe der Phlox-Sorte 'Franz Schubert' sichtbar.*

Phlox *Phlox paniculata* 'Eva Cullum'

Gänseblümchen (*Bellis perennis*)

Die niedrige Rose 'The Fairy' ergießt sich über dunkelrosa *Heterocentron elegans*.

Strauchpäonie *(Paeonia suffruticosa)*

Primel *Primula abonica*

Rosarote Blüten

Anmutige Rosatöne schmeicheln dem Auge und sind einfach und wirkungsvoll in die Gartengestaltung einzubeziehen. Wählen Sie Arten, die neben ihrer Farbe noch attraktive Merkmale besitzen, wie etwa gefüllte Gänseblümchen mit weißen Mitten, und kombinieren Sie blasse Rosatöne mit kräftigem Magenta und Scharlachrot. Auf diese Weise lässt sich der Rhythmus und die Ausstrahlung einer Bepflanzung gut beeinflussen.

Weiße Rabatten

Weiß blühende Pflanzen schimmern selbst noch in der Dämmerung, wenn andere bereits unidentifizierbar in einer dunklen Masse verschwinden. Weiße Blüten wirken am schönsten inmitten grüner Blätter. Dieser Effekt verstärkt sich, wenn man panaschiertes Laub wählt, etwa die Graublattfunkie *Hosta fortunei* var. *albopicta* oder *H.* 'Francee', die panaschierte Schwertlilie *Iris pallida* 'Variegata' oder den Tatarischen Hartriegel *Cornus alba* 'Elegantissima'.

Eine weiße Frühlingsrabatte umfasst etwa folgende Pflanzen: Narzissen, Schneeglöckchen *(Galanthus)*, Waldmeister *(Galium odoratum)*, Fritillarie und Tulpen. Im Sommer eignen sich weiße Päonien, Rosen, Madonnenlilien *(Lilium candidum)*, Fingerhut *(Digitalis)* und die Geißraute *Galega officinalis*. Alle weißen Blüten sollten den gleichen Ton aufweisen. Das ist nicht selbstverständlich, da es viele andersfarbig angehauchte Weißtöne gibt. Eine cremeweiße Rose mit rosaweißem Mohn wirkt anders als eine rein weiße Rabatte.

WEISS VOR WEISS

LINKS: *Selbst die weiß gestrichene Schindelwand trägt zum weißen Pflanzschema aus Kletterrosen und Korbblütlern bei.*

ENGELREIN

GEGENÜBER: *Die weiße Frühlingsrabatte wird durch panaschiertes Laub ergänzt.*

Tulpe *(Tulipa)*

Diese hübsche, leuchtende Frühlingsrabatte zeigt die Eleganz von weißen Blüten und grünen Blättern.

Rose *Rosa* 'Iceberg'

Herbstanemone Anemone-Japonica-Hybride 'Honorine Jobert'

Celmisia hookeri

TIPP DES GÄRTNERS

Weiße Blüten

Von den meisten Arten wurden weiße Sorten gezüchtet, da viele Blumenfreunde gern weiße Rabatten anlegen. Es gibt also weiße Rosen und Korbblütler genauso wie weißen Fingerhut und Rittersporn, um nur einige zu nennen.

Weiße Blüten eignen sich auch sehr gut dafür, unharmonische Farben in einer Rabatte zu trennen. So lassen sich interessante Effekte erzielen, ohne das Auge überzustrapazieren.

tockrose (*Alcea rosea*)

Grüne Rabatten

Es gibt so viele Grüntöne, dass es sich lohnt, eine grüne Rabatte anzulegen, in der verschiedene Texturen und Formen gut zur Geltung kommen. Architektonisch wirkende Pflanzen sind Akanthus, Wolfsmilch *(Euphorbia)* oder eine Gruppe von Fenchel *(Foeniculum)*. Für eine solche Rabatte eignen sich auch extravagante Pflanzen wie grün blühender Tabak *Nicotiana* 'Lime Green', *Fritillaria pontica, Smyrnium perfoliatum* und weniger ausgefallene Gewächse wie Frauenmantel *(Alchemilla),* Falsche Alraunwurzel *(Tellima grandiflora)* und Sterndolde *(Astrantia).* Für den farbbewussten Pflanzenfreund gibt es sogar eine grüne Rose: die Teerose *Rosa* x *odorata* 'Viridiflora'.

Ein Garten mit grünen Blattpflanzen bietet die Möglichkeit, Blätter in ihren vielfältigen Erscheinungsformen und grünen Farbnuancen zu betrachten, ohne von Aufmerksamkeit erheischenden Blüten abgelenkt zu werden. So lassen sich zarte Farnwedel genauso würdigen wie schmalblättrige Gräser, die tief geteilten Blätter des Schaublattes *Rodgersia aesculifolia* oder das glänzende, Licht reflektierende Laub der Stechpalme *(Ilex)* und des Lorbeerbaums *(Laurus).*

Gemeiner Schneeball
(Viburnum opulus)

MODERNE PFLANZUNG

LINKS: Die klare Linie dieses Gartens beruht hauptsächlich auf unterschiedlichen Blattpflanzen wie Klebsame (Pittosporum), *Neuseeländer Flachs* (Phormium) *und Gräsern.*

WALDGARTEN

RECHTS: Schatten liebende Pflanzen, wie Farne, Funkien (Hosta), *Bergenien und Salomonssiegel* (Polygonatum), *zeigen das große Spektrum an Grüntönen und Blattformen.*

Fritillarie *Fritillaria verticillata*

Frauenmantel (*Alchemilla mollis*)

Cremeweiße Rosen, unterpflanzt mit Wolfsmilch *Euphorbia characias* ssp. *wulfenii*.

Muschelblume (*Moluccella laevis*)

Wolfsmilch *Euphorbia characias* ssp. *wulfenii*

Grüne Blüten

Grüne Blüten fügen dem Garten einen außergewöhnlichen Blickfang hinzu und ergänzen die Grünpalette der Blätter. Zudem weisen grüne Blüten meist ausgefallene Formen auf, wie etwa die kolbenförmigen Blütenstände der Wolfsmilch, die leuchtenden kleinen Blüten des Frauenmantels oder die skulpturhaft wirkenden Muschelblumen.

Gartenstil

Einen Stil wählen

Ein Garten ist ein Ort, der all das beinhalten und bieten soll, was man am meisten schätzt, etwa eine Rosenkaskade, einen Teich für Musestunden, einen Formschnittgarten aus Buchsbaum. Lassen Sie sich nicht von der Mode diktieren – gestalten Sie einen individuellen Garten.

AM WASSERRAND
Ein üppig bepflanztes Teichufer und ein naher Sitzplatz (links) zählen zu den schönsten Gartenelementen. Schwertlilien (oben) gedeihen im feuchten Boden um den Teich.

Naturnaher Stil

Das beste Beispiel für den naturnahen Stil ist ein Bauerngarten, in dem Pflanzen um Aufmerksamkeit und Platz konkurrieren und kaum eingegriffen wird. Doch selbst der scheinbar unkontrollierte »Dschungel« benötigt ein gewisses Maß an Ordnung. Das Wichtigste ist eine grundlegende Struktur, bevor man Pflanzen hinzufügt. Ein Pflanzplan weist jedem Gewächs seinen Platz zu und verhindert, dass sich ein reizvoller üppiger Garten in ein Chaos verwandelt.

Ein naturnaher Garten kann schwieriger zu gestalten sein als ein formaler. Naturgemäß muss er ohne geometrische Formen und klare Begrenzungen von Bereichen auskommen: Rasenflächen, Blumenbeete, Rabatten und Wege sollten eine fließende Form annehmen und ineinander greifen.

Wege, Pergolen, Zäune und Gitterwerk wirken nicht nur dekorativ, sondern unterliegen einem nützlichen Zweck. Die Spuren der bewussten Planung werden durch heranwachsende Pflanzen bald kaschiert. Niedrige Einfassungspflanzen wuchern rasch und verdecken die harten Ränder von Wegen. Selbstaussäende Arten, wie etwa Frauenmantel *(Alchemilla)* oder Mutterkraut *(Tanacetum parthenium),* sind besonders dafür geeignet, da sie sich in den Fugen gepflasterter Flächen und auf zu ordentlich wirkenden Kieswegen ansiedeln.

EIN BAUERNGARTEN
LINKS: In diesem traditionellen Bauerngarten ragen zwischen niedrigen Arten hohe Pflanzen auf – ganz gegen die klassischen Regeln einer Rabattenbepflanzung.

Roter Fingerhut
(Digitalis purpurea)

229

Ausschließlich dekorative Elemente können in einem naturnahen Garten stören. Ein Paar Lorbeer-Hochstämmchen wirken in einer zwanglosen Gestaltung äußerst fehl am Platz; das Gleiche gilt für symmetrisch arrangierte Rosen- oder Fuchsien-Hochstämme. Jedes Element sollte eine nützliche Funktion haben: Zeltförmig aufgestellte Bambusstöcke dienen als Kletterhilfe für Wicken (*Lathyrus*), ein rustikaler Bogen stützt eine Kletterrose oder Waldrebe (*Clematis*), und ein Pflanzgefäß mit Lilien erfüllt eine schattige Ecke mit Duft und Farbe.

FARBE GEGEN EINTÖNIGKEIT

OBEN: *Panaschierter Efeu* (Hedera) *und violettrote Verbenen machen eine langweilige Ecke interessant.*

MAUERBEPFLANZUNG

RECHTS: *Dieses mit panaschierten Pelargonien bepflanzte Wandgefäß in Form eines Kopfes sorgt auf mittlerer Höhe für einen hübschen Blickfang.*

AUFSTAND DER FARBEN

GEGENÜBER: *Eine ungezügelte Mischung aus einfachen Ringelblumen* (Calendula) *und Strauchveronika* (Hebe) *stellt einen verblüffenden Kontrast zum kurz gemähten Rasen her.*

Formaler Stil

Formale Gartengestaltungen haben eine lange Tradition. Ob die symmetrischen Anlagen römischer Villen, elisabethanische Formschnittgärten oder die Parkanlagen von Versailles – die Ästhetik solcher Gärten hat zur anhaltenden Beliebtheit dieses Stils beigetragen.

Formschnittgärten und Parterres müssen zwar regelmäßig geschnitten und von Unkraut befreit werden, damit sie ihre akkuraten Konturen behalten, doch das Ergebnis ist die Mühe wert. Viele Pfade trennen die Beete voneinander ab und tragen dadurch nicht nur zur Gestaltung bei, sondern sind zudem auch überaus nützlich, denn auf ihnen lässt sich jede Ecke erreichen, ohne zwischen die Pflanzen auf die Erde treten zu müssen. Beeteinfassungen sind unverzichtbar. Sie können aus formiertem Buchsbaum (*Buxus*) oder Heiligenkraut (*Santolina*) bestehen, aber auch aus Holz, Ziegeln oder Terrakottafliesen.

EIN HAUCH FORMALITÄT

OBEN: *Dieser Gartenbereich weist viele verschiedene formale Elemente auf, doch die Blütenkerzen des Fingerhutes* (Digitalis) *bewahren die Anlage vor einer übertrieben künstlichen Wirkung.*

EINGEKREISTE KREISE

RECHTS: *Dieser Rosengarten basiert auf in Kreisen angelegten, niedrigen formierten Buchsbaumhecken* (Buxus) *mit einer Statue als zentralem Blickfang.*

BETONTE SCHLICHTHEIT

*OBEN: Die Mitte der geo-
metrischen Teichanlage
wurde bewusst von Pflanzen
freigehalten, was ihre
Schlichtheit hervorhebt.*

Beete mit Blüten in einer begrenzten Farbskala, wie etwa Silber oder Weiß, unterstreichen
den formalen Stil. Pflanzen in Regenbogenfarben lockern ihn dagegen auf, und wuchernde
Gewächse kontrastieren mit starren Einfriedungen.

Ob große Flächen oder kleine, moderne Gärten – mit einer formalen Gestaltung lässt sich
immer eine klassisch elegante Wirkung erzielen.

SPIEGELBILDLICH

OBEN: Diese von einer hohen Eibenhecke (Taxus) *umgebene Anlage basiert auf Spiegelbildlichkeit – paarweise platzierte Pflanzgefäße mit formiertem Buchsbaum* (Buxus) *und Strauchmargeriten* (Argyranthemum frutescens) *sorgen für Symmetrie.*

MUSTER IN GRÜN

RECHTS: Die moderne Interpretation eines traditionellen Parterres vermeidet Blüten zugunsten von Blattpflanzen und zieht mit akkurat geschnittenen Mustern Aufmerksamkeit auf sich.

Rasen

Ein gut gepflegter, samtweicher Rasen stellt in jedem Garten einen eleganten Anblick und einen dekorativen Kontrast zu den unterschiedlichen Texturen und Farben von Beeten und Rabatten dar. Ein Rasen ist nicht nur schön anzusehen, sondern auch eine äußerst vielseitige Fläche, auf der man sitzen und den Garten genießen kann.

Ein Rasen bietet Kindern auch eine ideale Spielfläche, und unter Schaukeln und Klettergerüsten ist er unentbehrlich, da er manchen Sturz abfedern kann. Legt man einen Rasen für diesen Zweck an, sollte man eine Samenmischung aus widerstandsfähigen Arten wählen, die eine solche Beanspruchung aushalten.

Ein schöner Rasen will aber auch gepflegt sein. Regelmäßiges Düngen, Unkrautjäten und Mähen lohnt sich, da dadurch eine dichte grüne Oase entsteht, an der man sich viele Jahre erfreuen kann.

GLATTER KONTRAST

UNTEN: *Der glatte, weiche Rasen ergibt eine ideale Folie für die herangewachsenen Rabattenpflanzen in dem weitläufigen Garten. Großzügig geschwungene Flächen sehen nicht nur gut aus, sondern sind auch einfacher zu mähen als schmale Rasenstreifen.*

KLEIN, ABER SCHÖN

LINKS: *Ein runder Rasen lässt einen kleinen Garten größer erscheinen, da der Blick auf die Gartenbegrenzung gerichtet ist.*

Eine Rasenkante ausbessern

Die beschädigte Kante eines Rasens kann schnell und einfach ausgebessert werden, indem man die Stelle großräumig umsticht und anschließend zusammen mit einem größeren Stück hochhebt. Dann setzt man es wieder so ein, dass nun die beschädigte Seite in der Mitte der Rasenfläche liegt. Die Kante ist jetzt wieder gerade, und die abgetretene Stelle kann einfach ausgebessert werden, indem man gezielt Grassamen aussät.

1 *Die beschädigte Kante großräumig und rechteckig ausstechen. Dabei das Wurzelwerk des Grases sorgfältig durchtrennen.*

2 *Das Rasenstück hochheben, umdrehen und so wieder einsetzen, dass die beschädigte Stelle gegenüber der Kante liegt. Das Stück festtreten.*

3 *Grassamen zusammen mit feinkörniger Erde auf die beschädigte Stelle geben; er wird innerhalb von zwei Wochen keimen.*

Blütenpracht

Für viele Pflanzenfreunde sind Blüten der wahre Grund, einen Garten anzulegen. Von der ersten aus dem Schnee ragenden Schneeglöckchen bis zu den letzten Raublattastern kann man sich mit etwas Planung das ganze Jahr über an Blüten erfreuen.

Wenn die Teppiche aus blühenden Zwiebelpflanzen im Frühling welken, warten bereits die Stauden, um ihren Platz einzunehmen. Etwaige Lücken schließen hübsche Einjährige wie Clarkie, Schwarzkümmel (*Nigella*) und Ringelblume (*Calendula*). Im Hochsommer erblühen Lilien (*Lilium*), während Rosen ihre Blütenblätter verlieren. Jetzt kommen Goldrute (*Solidago*), Sonnenhut (*Rudbeckia*) und Herbstkrokusse an die Reihe. Selbst der Winter kann noch mit kleinen Geschenken aufwarten: Christrose (*Helleborus niger*), Winterjasmin (*Jasminum nudiflorum*), Winterblüte (*Chimonanthus praecox*) und erstaunlich späte Rosenknospen. Eine üppige Blütenpracht erfrischt die Sinne und hebt die Stimmung – sorgen Sie also dafür, dass der Garten in voller Blüte steht und Farbe in Ihr Leben bringt.

EIN HÜBSCHES BOUQUET

OBEN: Dieses Sträußchen aus einem sommerlichen Garten kombiniert Ausgefallenes mit Gewöhnlichem – Lilien und Ringelblumen sind herrliche Schnittblumen.

SOMMERLICHE FÜLLE

RECHTS: Strauchmargeriten (Argyranthemum frutescens), *Pelargonien, Kapuzinerkresse* (Tropaeolum) *und Petunien haben den Sitzplatz bereits eingenommen.*

BERAUSCHENDE MISCHUNG
OBEN: *Die beständige Anlage
aus Rosen, Schwertlilien,
Nelkenwurz (Geum) und
Schmucklilien (Agapanthus)
wurde mit farbenprächtigen
Einjährigen ergänzt. Zu
ihnen zählen Löwenmaul
(Antirrhinum), Ringelblume
(Calendula) und Schwarz-
kümmel (Nigella).*

FRÜHLING IM STEINGARTEN
RECHTS: *Ein farbenprächtiger
Blütenteppich aus Steingartenpflanzen und Zwiebelblumen wie Tulpen, Hyazinthen
und Stiefmütterchen.*

Wasserelemente

Seerose *(Nymphaea)*

Wasser wird seit langem als wichtiger Bestandteil einer Gartengestaltung betrachtet. Es fügt ihr Bewegung und Geräusche hinzu, kann aber auch eine ruhige Nische für besinnliche Stunden ausstatten. Ein einfacher Teich bereichert selbst einen kleinen Garten, ohne viel Raum einzunehmen.

Das beruhigende Plätschern eines Springbrunnens zählt zu den schönsten Gartengeräuschen und kann bis zu einem gewissen Maß vom umgebenden Verkehrslärm ablenken. Ein Wasserelement muss nicht mit großem Aufwand verbunden sein: Es genügt ein Wandbrunnen, aus dem das Wasser in ein Basin fließt, wo es mithilfe einer Pumpe wieder zurückgeführt wird.

Ein Gartenteich hat den Vorteil, dass er Tiere anlockt. So werden sich bereits kurz nach der Fertigstellung Frösche und Molche einstellen. Zudem kann man mehr Pflanzenarten ziehen, wie etwa Zwergformen von Seerosen *(Nymphaea)* oder andere Wasserpflanzen. Diese begnügen sich aber auch mit einem Wassertrog, wenn sie von Zeit zu Zeit geteilt werden.

STÄNDIGE BEWEGUNG

LINKS: *Selbst im kleinsten Garten ist Platz für ein Wasserelement. Ein Wandbrunnen ist eine Zierde und stellt für Kinder keine Gefahr dar.*

EIN PERFEKTER TEICH

RECHTS: *Der große, naturnahe Teich wird von einem kleinen Wasserfall gespeist. Die Anlage vereint eine stille Wasserfläche mit einem beruhigenden Plätschern im Hintergrund.*

Stille Oasen

In unserer hektischen Welt sind besinnliche Momente unbezahlbar. Fast alle träumen von einer abgeschiedenen Oase, in die man sich zurückziehen kann. Doch selbst in der Stadt, wo fast jede freie Fläche von Häusern aus einsehbar ist, kann man einen geschützten Rückzugsort herstellen. Pflanzen bilden lebendige Schirmwände und verdecken hässliche Aussichten. Sie schützen aber auch vor neugierigen Blicken. Gitterwerk ist schnell aufgestellt und befestigt, sodass Waldreben *(Clematis)*, Geißblatt *(Lonicera)* und Jasmin *(Jasminum)* an ihm wachsen können. Kleine Bäume wie panaschierter Ahorn *(Acer)* oder Sträucher wie die goldlaubige Form der Orangenblume *(Choisya ternata)* gedeihen gut in Pflanzgefäßen und sorgen an Sitzplätzen für Abgeschiedenheit.

Auch wenn die meisten Stadtgärten klein sind, begehen Sie nicht den Fehler, auf kleine Pflanzen zurückzugreifen. Dichte Büsche, hohe Bambus-Arten und wuchernde Kletterpflanzen bilden einen guten Schutz. Eine andere Möglichkeit, die Außenwelt abzuschirmen, ist die Zentrierung in das Garteninnere. Eine Statue, ein Springbrunnen oder ein kleiner Teich lenkt den Blick von der Umgebung ab. Ein Refugium umgibt Sie mit einem Schutzschild vor den Unbillen der Außenwelt und macht den Garten zu einem einzigartigen Platz.

URBANE OASE

LINKS: Üppige Blattpflanzen und hoher Bambus bilden einen geschützten Platz im Freien.

AUF DEM DACH

RECHTS: Dachgärten sind dem Wetter ausgesetzt. Doch das Gitterwerk um diesen eleganten Essplatz hoch über den Straßen bildet einen Windschutz – sowohl für Menschen als auch für Pflanzen.

243

Essplätze im Freien

Eines der größten Vergnügen an einem Garten ist das Essen im Freien. Es lohnt sich deshalb, einen beständigen Essplatz zu gestalten. Ideal ist ein sonniger Platz, an dem aber für Schutz vor starker Mittagssonne und vor Wind gesorgt werden muss. Er sollte nicht zu schattig sein und nicht zu weit entfernt vom Haus, damit das Holen von vergessenen Dingen nicht zu einem zeitraubenden Unternehmen wird. Ein Sonnenschirm kann etwas Schatten spenden, doch eine Weinrebe (Vitis) an einer Pergola, wie sie vor griechischen Tavernen üblich ist, stellt eine dauerhafte Lösung dar. Der Platz sollte zudem eben und am besten gepflastert sein, damit Stühle und Tische sicher stehen. Doch was immer man wählt, an einem Sitzplatz im Freien lassen sich warme Tage und Abende herrlich verbringen.

EIN GESCHÜTZTER PLATZ

LINKS: Eine Pergola mit Kletterpflanzen wirft gesprenkelten Schatten auf den Essplatz. Der Sonnenschirm schützt vor starker Mittagssonne.

ESSEN IM FREIEN

UNTEN LINKS: Der stabile Mosaiktisch vor der schützenden Mauer ist für ein sommerliches Mahl gedeckt.

MIT MEERBLICK

RECHTS: Der idyllisch gelegene Platz ist mit einem erhöhten Holzdeck ausgestattet, um die größtmögliche Aussicht genießen zu können.

KLEINER HIMMEL AUF ERDEN
LINKS: Das weitläufige, helle Holzdeck und die zurückhaltende Bepflanzung bilden den perfekten Gegensatz zum hektischen Großstadtleben.

PARADIES AM WASSERBECKEN
RECHTS: Die Gartenstühle am Beckenrand laden zu kontemplativen Stunden ein. Harte Kanten wurden in dieser Gestaltung vermieden – selbst die Stufen werden durch Efeu abgeschwächt.

PLATZ ZUM FAULENZEN
UNTEN: Von den Liegestühlen aus kann man den Sonnenuntergang über der Stadt beobachten. Unauffälliges graues Gitterwerk und Kletterpflanzen bilden einen eleganten Hintergrund.

Ein Platz zum Entspannen

Gärtnern bedeutet nicht nur Arbeit. Bei der Planung der Gestaltung sollte man deshalb einen Platz, an dem man ausruhen und die Sicht genießen kann, nicht vergessen. Ob es sich dabei um ein Panorama oder einen mit Blüten übersäten Hinterhof handelt, spielt keine Rolle: Es gibt immer etwas zu betrachten. Das Entspannen bekommt eine neue Dimension, wenn man dabei die Natur beobachten kann.

Es hängt zum Teil von Ihrem Lebensstil ab, welcher Platz für Sie günstig ist. Gehören Sie zu den Frühaufstehern, platzieren Sie eine Bank so, dass die Morgensonne auf sie fällt. Sind Sie dagegen den ganzen Tag außer Haus, schätzen Sie sicher einen Platz, an dem Sie den Sonnenuntergang betrachten können. Stellen Sie einen Gartenstuhl je nach Stimmung um: Neben einem Teich lassen sich die Libellen beobachten, wie sie über der Wasseroberfläche schweben, und unter einer Sandbirke kann man die Blätter im Wind rascheln hören. Der Platz sollte auch duftende Pflanzen aufweisen – nichts belebt die Sinne mehr als das Aroma von Lavendel oder der intensive Duft von Jasmin.

Die Garten-struktur

Wege, Treppen, Zäune, Bogen und Mauern bilden das Gerüst des Gartens. Es muss errichtet sein, bevor mit der Bepflanzung begonnen wird. Ist die Struktur einmal vorhanden, finden alle anderen Elemente wie von selbst ihren Platz.

FEURIGE FARBE

Leuchtende Bougainvilleen verleihen einer Gitterwand ein neues Gesicht (links). Stockrosen (oben) bringen Farbe und Höhe in eine naturnahe Pflanzung.

Große Gärten

Ein großer Garten lässt sich vielseitig gestalten – die einzige Schwierigkeit liegt darin, wo man anfängt. Eine Möglichkeit ist, den Garten in Bereiche aufzuteilen, die besser zu handhaben sind und in jeweils verschiedenen Stilen gestaltet werden können. Dies war lange Zeit eine beliebte Methode, mit großen Flächen umzugehen. Durch Hecken, Zäune oder andere Begrenzungen lassen sich die verschiedenen Räume voneinander abgrenzen. Zudem sorgen sie im Winter, wenn das Gerüst des Gartens sichtbar wird, für Struktur.

Das Gegenteil hiervon wäre eine Alternative. Dabei würde der Garten aus einer einzigen Landschaft bestehen, die zwar natürlich wirkt, aber doch gestaltet wurde. Es ließe sich ein Wasserelement wie etwa ein Wasserfall einbeziehen oder sogar eine künstliche Ruine im romantischen Stil der berühmten Landschaftsgestalter des 18. Jahrhunderts.

Ab einer bestimmten Größe weist ein Garten verschiedene Mikroklimate auf. Schattige Ecken, offene windige Plätze, trockene Flächen, feuchte Flecken bieten die Möglichkeit, sehr

SÜSSER DUFT
OBEN: *Rosen und Lavendel passen perfekt zueinander.*

VERBINDUNG HERSTELLEN
GEGENÜBER: *Eine schmale Holzbrücke und eine Reihe von Trittsteinen führen von der offenen Landschaft zu einem beschaulichen Sitzplatz.*

WEITLÄUFIGE RABATTE
LINKS· *In breiten Rabatten bilden Pflanzen beeindruckend große Gruppen. Diese Anlage verfügt neben der Staudenrabatte auch über einen Küchengarten.*

unterschiedlich Arten zu ziehen. Bäume spielen in einem großen Garten eine wichtige Rolle. Wer sich einige Jahre geduldet, kann sogar einen kleinen Wald anlegen.

In einer ländlichen Umgebung sollte der Garten die Landschaft mit einbeziehen. Mit Bogen oder Laubengängen kann man Aussichten einrahmen, wobei die Farben der Pflanzen zurückhaltend sein sollten, damit sie nicht ablenken. Wo der Garten an offenes Gebiet grenzt, kaschiert eine Wildblumenwiese den Übergang von kultivierter zu freier Fläche.

EINGEGRENZTE PRACHT

LINKS: Von oben betrachtet, erkennt man deutlich, wie formierte Eibenhecken (Taxus) den Garten in verschiedene Bereiche aufteilen und die üppige Bepflanzung beeinflussen.

FARBENKASKADE

RECHTS: Von der rustikalen Bank aus hat man eine gute Sicht auf den dicht bepflanzten Hang, den eine Stützmauer abschließt.

BLICKFÄNGE

RECHTS: In einem großen Garten mit mehreren Sichtachsen sorgen ein dekorativer Pavillon, eine Statue und eine sorgfältig platzierte Spindel für Blickfänge.

Kleine Gärten

Selbst eine kleine Rasenfläche oder ein Hof kann in einen hübschen Garten verwandelt werden. Die Pflanzenauswahl sollte jedoch mit Bedacht vorgenommen werden, da hier jeder einzelnen Pflanze eine größere Bedeutung zukommt als in einem großen Garten. Ist der Platz so klein, dass man nicht für jede Jahreszeit einen Blickfang gestalten kann, so muss die Pflanze das ganze Jahr über in das Pflanzschema passen. Immergrüne eignen sich hierfür am besten, aber auch Sträucher mit buntem Herbstlaub oder farbigen kahlen Ästen im Winter.

Wenn Raum so viel Bedeutung zukommt, sollte man auch Wände mit einbeziehen und sie mit Kletterpflanzen bedecken. Mit der entsprechenden Waldrebe (*Clematis*) kann man sich von Frühling bis Herbst an Blüten erfreuen. Efeu (*Hedera*) bietet immergrüne Blätter, und die kletternde Hortensie *Hydrangea anomala* ssp. *petiolaris* gedeiht sogar an schattigen Mauern. Für eine farbenprächtige Kaskade im Sommer eignen sich Pelargonien, Stiefmütterchen (*Viola tricolor*) und Fleißige Lieschen (*Impatiens walleriana*) in Wandtöpfen oder Ampeln.

PERFEKT IN FORM

RECHTS: Diese geschickt gestaltete, kleine Fläche weist alle traditionellen Elemente eines großen Gartens auf wie Rasen, Rabatten, Spindeln und Formschnitt – trotzdem wirkt sie nicht überladen.

GARTEN EN MINIATUR

UNTEN: *Selbst ein schmaler Balkon bietet Platz für eine weiße Magnolie und eine scharlachrote Kamelie.*

VERTIKALE BEPFLANZUNG

OBEN: *Ein Gitter an der Mauer erleichtert die Anbringung von Wandtöpfen, in denen die Pflanzen genug Licht erhalten.*

Pelargonie
(Pelargonium)

Schrecken Sie nicht vor großen Elementen wie einer überdimensionalen Spindel oder einer Statue auf einem Sockel zurück. Eine große Spindel vermittelt den Eindruck eines weitläufigen Gartens und weckt die Assoziation an eine Bühne, auf der eine Requisite je nach Bedarf verschoben wird. Auch in einem kleinen Garten können in verschiedenen Jahreszeiten blühende Pflanzen gedeihen. Töpfe lassen sich im Frühling mit Zwiebelpflanzen füllen und im Sommer mit Einjährigen – und man platziert sie dort, wo gerade Farbe und Kontrast benötigt werden.

KLETTERNDE ROSEN
OBEN: In einem Patio ist kein Platz für eine Rabatte, aber Kletterrosen an Wänden und Bogen entschädigen mehr als genug.

GANZJÄHRIGES IMMERGRÜN
RECHTS: Eine beständige Struktur ist selbst für den kleinsten Platz wichtig.

TERRASSE MIT ZIEGELBELAG

LINKS: *Der kleine Garten wurde mit dekorativen Ziegeln ausgestattet. Der Belag geht in ein Holzdeck über, das auf die Nähe des Hauses hinweist.*

WIEDERKEHRENDES ELEMENT

RECHTS: *In diesem Stadtgarten bezieht die Gestaltung der Hochbeete aus Ziegeln auch die Steinstufen mit ein.*

UNTER EINEM BLÜTENDACH

UNTEN LINKS: *Steinplatten bilden einen stabilen Belag für die Bank aus Schmiedeeisen. Die harte Oberfläche wird durch das üppige Dach aus Anemonenwaldrebe (Clematis montana) und Goldregen (Laburnum) abgemildert.*

Gepflasterte Flächen

In stark beanspruchten Gartenbereichen ist ein fester, dauerhafter Belag sinnvol. In einem gepflasterten Patio muss man nicht befürchten, mit den Stühlen im Rase zu versinken oder sich schmutzige Schuhe zu holen.

Auch für einen Hinterhof bietet sich ein gepflasterter Boden an. Ein feste Untergrund aus Schotter mit einer Auflage aus feinem Sand bietet die nötige Sta bilität. Sand zwischen den Fugen betont nicht nur den Belag, sondern ermöglich auch die Ansiedlung von Pflanzen.

Die Auswahl des Belages hängt von zwei Faktoren ab: dem regionalen Materia das üblicherweise verwendet wird, und Ihrem Budget. Steinplatten aus der Regio sehen am schönsten aus, doch leider sind sie meist auch teuer. Glücklicherweis gibt es durchaus akzeptable Betonwerksteine, die durch Yoghurt oder Jauch schnell etwas älter aussehen. In einem Patio oder auf einer Terrasse lassen sich Zi gel in einem hübschen Muster verlegen. Sie müssen allerdings frost- und wasse beständig sein. Vergessen Sie nicht, dass auch hier in den Fugen Pflanzen wac sen können. Reicht die gepflasterte Fläche bis zur Hausmauer, so sollte die Farb

WEICHE KANTEN

UNTEN: *Pflanzen wie Frauen-mantel* (Alchemilla) *samen sich auch in den schmalsten Fugen bereitwillig aus und mildern harte Kanten.*

des Belages mit dem Ton der Wände harmonieren. Lässt man zwischen dem Belag und den Mauern etwas freien Platz, können hier Sträucher und andere Pflanzen eingesetzt werden, die die harten Kanten auflockern. Dort, wo der Belag bis zur Hausmauer reicht, darf die feuchtigkeitsbeständige Schicht nicht bedeckt werden. In einem Patio muss dafür gesorgt sein, dass der Boden vom Haus weg leicht abschüssig ist, damit bei starkem Regen das Fundament des Hauses nicht durch Wasser beschädigt wird.

INDIVIDUELLER BELAG

LINKS: *Eine bunte Mischung aus Ziegel, Stein und farbigen Fliesen führt das Farbthema des Gartens fort, dessen Wände violettrot und blau gestrichen sind.*

Fugen bepflanzen

Nach einiger Zeit siedeln sich in den Fugen einer neu gepflasterten Fläche Pflanzen aus dem Garten an. Will man dies beschleunigen, sät man den Samen direkt in die Fugen. Pflanzen mildern den Effekt von harten Kanten, zudem kann man in Fugen neue Pflanzen ziehen. Minze *Mentha requienii* und Scheinmohn *Meconopsis cambrica* gedeihen im Schatten, Feldthymian *(Thymus serpyllum)* benötigt Sonne. Stiefmütterchen *(Viola tricolor)* wachsen überall.

1 *Mit einem Fugenkratzer die Fugen zwischen den einzelnen Platten säubern und anschließend gelockertes Material entfernen.*

2 *Mit der Hand in die Fugen Substrat auf Erdbasis geben und etwas festklopfen. Dann den Samen direkt darauf streuen.*

3 *Den Samen mit Substrat abdecken. Falls es nicht regnet, nach der Keimung wässern. Wenn nötig auch ausdünnen.*

Nelken *(Dianthus)*

Thymian *Thymus* x
citriodorus 'Aureus'

Günsel *Ajuga reptans*

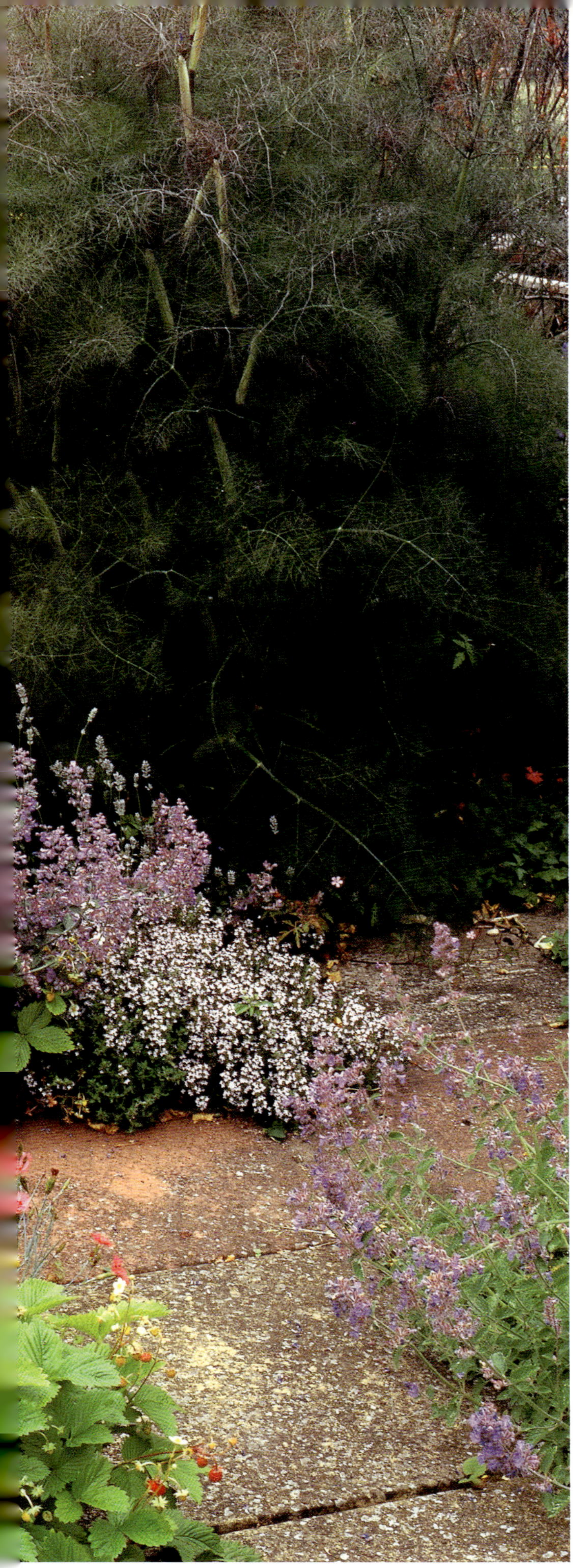

ogar Pflasterflächen können zur Farbgestaltung beitragen.

TIPP DES GÄRTNERS

Pflanzen für gepflasterte Flächen

Der Effekt von harten Oberflächen wird durch Pflanzen, die in den Fugen wachsen oder von angrenzenden Beeten überhängen, abgeschwächt. Kräuter wie Thymian, Minze *Mentha requienii* und Römische Kamille *(Chamaemelum nobile)* eignen sich hierfür besonders gut und duften köstlich, wenn man auf sie tritt. Bodendecker wie Günsel, Veilchen und Nelken kaschieren harte Ränder.

Duftveilchen *(Viola odorata)*

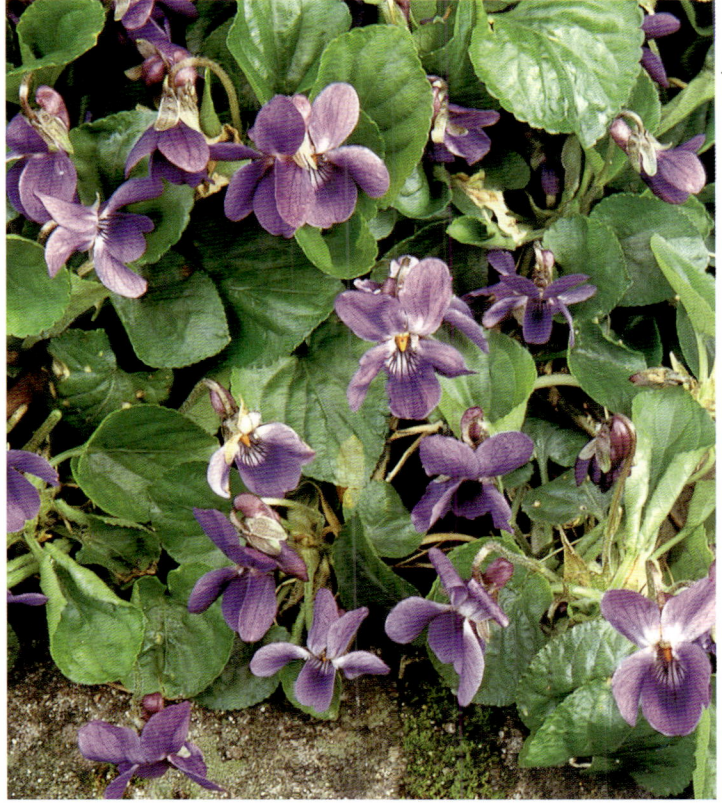

Wege

Wege erleichtern das Schlendern durch den Garten, schüt zen seine empfindlichen Bereiche und sind für die Gesamt gestaltung wichtig. Ob diese formal oder naturnah ist – auch die Wege sollten den entsprechenden Stil aufweisen.

Es gibt viele Materialien für Wege, wie Pflasterplatter Holzlatten oder sogar Gras, doch am einfachsten sind Kie und Kieselsteine. Ist der Untergrund eben und stabil, kön nen sie direkt aufgebracht und mit Holz eingefasst werder Kies ist gut für geschwungene Wege geeignet. Als traditic nelle Begrenzung dienen Ziegel, die man im Winkel in ein Furche beidseits des Weges setzt. Buschig wuchernde Pflar zen an den Rändern lassen einen geraden Kiesweg interes santer erscheinen.

Ziegel können auf stabilem Untergrund im klassische Fischgrat- oder Blockparkettverband verlegt werden. Fü die Einfassung ist Holz das passende Material. Bei weicher oder vor kurzem bearbeitetem Untergrund muss man unte dem Sandbett eine Schotterschicht aufbringen.

ELEGANTER GRASPFAD

OBEN LINKS: Graspfade sind ideal in Gartenbereichen, die nicht häufig begangen werden. Dieser Waldweg ist im Frühling von Hasenglöckchen flankiert.

KUNSTVOLLER ZUGANG

UNTEN LINKS: Verschiedenfarbene Kieselsteine wurden in einem Muster sorgfältig in Beton gesetzt und bilden ein elegantes Mosaik.

GEWUNDENER WEG

RECHTS: Kies und Kieselsteine sind für diesen geschlängelten Gartenweg der geeignete Belag.

VERBORGENE SPUR

UNTEN: Der schmale Ziegelweg verschwindet fast unter wuchernden Pflanzen und zwingt zum langsamen Gehen und zur Betrachtung des Gartens.

Tore

Neben ihrer eigentlichen Funktion, Eingänge zu verschließen, dienten Tore ursprünglich auch dazu, Besucher zu beeindrucken. Heute bieten sie einen perfekten Vorwand, die Gartengestaltung auf die Begrenzung auszudehnen und einen romantischen Zugang zu schaffen.

Ein Tor zum Vorgarten sollte dem Stil der Eingangstür und des Hauses entsprechen. Latten- oder Staketentore aus Holz passen gut zu älteren Gebäuden, aber auch zu Häusern am Rand von Großstädten. Dagegen sollten Weidetore ländlichen Gegenden vorbehalten bleiben, da sie in der Stadt deplatziert wirken. Metalltore sind stabil und robust. Ein hübsch geformtes Modell aus Schmiedeeisen ist sicher und wirkt nicht erdrückend. Erscheint es dennoch zu streng, kann man ein Geißblatt (Lonicera) oder eine Waldrebe (Clematis) vom Zaun oder der Mauer ranken lassen. Beide sind biegsam genug, um die Angeln beim Öffnen und Schließen nicht zu behindern. Als Zugang zwischen zwei Gartenbereichen genügt oft eine Lücke in der Hecke oder ein Bogen. Auch eine schöne Aussicht lässt sich mit einem Tor einrahmen.

AUF DEM WEG
OBEN: *Das schlichte, bemalte Holztor zwischen zwei rustikalen Steinpfeilern endet an einem nüchternen Weg, der direkt zur Eingangstür führt.*

RAHMEN AUS DUFTENDEN BLÜTEN
RECHTS: *In dieser eher formalen Gestaltung spiegelt das Tor im Stil der Arts-and-Crafts-Bewegung den Bogen wider, der fast vollständig von Waldreben- und Rosenblüten verdeckt ist.*

EIN WILLKOMMENER ANBLICK
LINKS UND GANZ LINKS: *Waldreben* (Clematis) *sind ideale Kletterpflanzen, die hervorragend um Tore drapiert werden können. Sie sind nicht zu schwer, wuchern nicht übermäßig – und ihre hübschen Blüten heißen jeden Besucher willkommen.*

Bogen und Pergolen

Ein Bogen oder eine Pergola, berankt mit Rosen oder Waldreben, kann das romantischste Gartenelement darstellen. Je nach Belieben dienen sie dekorativen oder nützlichen Zwecken.

In einem gepflasterten Innenhof bietet eine Pergola Schutz vor Einblicken aus umliegenden Häusern und im Sommer auch Schatten. An der Hausmauer befestigt, bildet sie dagegen den Übergang vom Haus zum Garten und einen gemütlichen Platz.

Ein Bogen dient meist als Stütze für Kletterpflanzen oder als Rahmen für eine Aussicht. Er kann aber auch Blickfang und Verbindung zwischen zwei Bereichen sein. In einem rustikalen Garten benötigt man nur zwei entlaubte gebogene Haselnussruten, die man im Boden befestigt. An ihnen können Wohlriechende Wicke (Lathyrus odoratus), Kletternde Kapuzinerkresse (Tropaeolum peregrinum), Ackerwinde (Convolvulus) oder andere einjährige Kletterpflanzen wachsen, da die Haltbarkeit eines solchen Bogens sowieso begrenzt ist. Für eine formale Gestaltung eignet sich ein Bogen mit einer eleganten Spitze aus Schmiedeeisen.

Rose *Rosa* 'Gloire de Dijon'

GESCHÜTZTER EINGANG

LINKS: Der Weg in den Garten führt durch diese kleine, selbst gemachte Pergola aus Holz, an der die Waldrebe Clematis 'Jackmanii' rankt.

VERWUNSCHENE LAUBE

LINKS: *Die Laube aus Gitterwerk inmitten von Stauden entspricht einer naturnahen Gestaltung. An ihr klettert die Rose 'Madame Caroline Testout'.*

ROMANTISCHE ROSEN

UNTEN: *Ein großer Metallbogen mit Kletterrosen passt hervorragend in einen romantischen Garten.*

RECHTS: *Die duftenden Kletterrosen 'Adélaïde d'Orléans' und 'Auguste Gervais' machen aus dem Patio mit seiner Pergola eine Oase, in der man träumen kann.*

SCHLICHT UND EINFACH

OBEN: *Fertigteile aus präpariertem Holz sind in vielen Gartencentern erhältlich.*

Holzdecks

Holzdecks stellen eine Alternative zu Pflasterflächen dar und bilden ebenfalls einen wetter
beständigen Belag. Im Gegensatz zu Stein sind sie warm und elastisch und eignen sich des
halb besonders gut für erhöhte Konstruktionen wie etwa Sonnendecks und Balkone. Sie har
monieren mit einem mit Schindeln verkleideten Haus und passen auch gut in Gärten ar
Meer, wo sie Assoziationen an Landestege wecken. Holzdecks, die direkt auf dem Bode
angebracht werden, benötigen etwas Abstand zur Erde oder sollten auf einem Kiesbett lie
gen. So kann Regenwasser abfließen und Luft zirkulieren, wodurch die Wahrscheinlichkei
dass das Holz zu faulen beginnt, reduziert wird. Decks aus Hartholz benötigen keine spe
zielle Behandlung – sie nehmen mit der Zeit einen silbrigen Ton an. Präpariertes Weichhol
altert nicht so schön, kann dafür aber mit Holzbeize dem Farbschema des Gartens gut ang
passt werden. Holzdecks eignen sich auch ideal für einen Dachgarten. Neben ihrer dekor
tiven Qualität haben sie noch den Vorteil, dass sich auf ihnen das Gewicht von Pflanzgefäße
verteilt und sie damit Dachschäden vorbeugen. Regenwasser kann auch hier gut abfließen

EDLES HOLZDECK

*LINKS: Die parallel angeord-
neten Holzbretter des Decks
harmonieren mit dem
modernen Baustil des Hau-
es. Holzdecks lassen sich
eventuellen Hindernissen,
wie etwa Bäumen, relativ
einfach anpassen.*

NAHE DEM WASSER

*RECHTS: Für eine Terrasse in
der Nähe eines Teiches ist
ein Holzdeck ein natürlicher
und passender Belag.*

Konstruktion eines Holzdecks

Wenn Sie nur eine kleine Fläche mit einem Holzdeck ver-
sehen möchten, könnten Sie den Versuch wagen, es selbst
zu bauen – es ist einfach und viel günstiger, als wenn es
ein Fachmann anfertigt. Sie können sich das gewünschte
Material selbst aussuchen, und die Arbeit macht auch noch
Spaß. Um einer Verrottung vorzubeugen, legt man die
Holzbretter auf eine Balkenkonstruktion, die wiederum
Betonplatten als Unterlage hat.

1 *Für jeden Deckteil 4 Betonplatten im Abstand von 1 m
platzieren. Die Platten mit
einem Ziegelstein beschweren.*

2 *Auf die Ziegelsteine Holzbalken und im rechten
Winkel dazu Dachsparren
legen; mit Nägeln befestigen.*

3 *Die Holzbretter in der-
selben Richtung wie die
Holzbalken platzieren und
mit Messingnägeln befestigen.*

4 *Die Seiten mit Holzbret-
tern verkleiden. Die Bretter an den jeweiligen Balken-
enden annageln.*

Treppen

Ein Garten mit verschiedenen Höhen wirkt interessanter, als wenn er nur aus einer ebenen Fläche besteht. Treppen mit einfachen Töpfen voll herrlicher Blütenpflanzen sind sehr dekorativ, besonders wenn diese über die Stufen hängen. Ein Gefäß auf jeder Stufe begleitet Ihren Weg.

Eine Treppe ist zwar ein rein funktionales Gartenelement, aber es kann trotzdem hübsch aussehen. Flache, breite Stufen, die zu einer Bank oder Mauer führen, wirken sehr elegant. Sind sie zudem im Halbkreis angeordnet, entsteht sogar ein leicht theatralischer Effekt.

Die ebene Oberfläche einer Stufe wird Trittstufe, die senkrechte Setzstufe genannt. Eine Regel zum Bau einer bequemen und sicheren Treppe besagt: je tiefer die Trittstufe, desto niedriger die Setzstufe. Selbst wenn die Stufen aus unregelmäßigem Material, wie zum Beispiel grob behauenen Steinen oder Baumstämmen, angefertigt werden, müssen sie aus Sicherheitsgründen dieselben Proportionen aufweisen.

STUFEN ALS BLICKFANG

GEGENÜBER: Breite Stufen und eine Pergola machen aus einem Höhenunterschied ein dekoratives Element.

SCHLICHT UND EINFACH

OBEN LINKS: Treppe und Terrasse aus dem gleichen Material vermitteln Kontinuität. Da die Treppe schmucklos ist, schwächen Pflanzgefäße an ihrem Fuß den kargen Effekt etwas ab.

LANGSAMER AUFSTIEG

OBEN RECHTS: Hölzerne Setzstufen und Trittstufen aus Kies passen in diesen ländlichen Garten. Die Proportionen der Stufen zwingen zu einem gemütlichen Gang durch den Garten.

INNERHALB VON MAUERN

GEGENÜBER: Die Säckelblume (Ceano-thus) profitiert vom Schutz, den die Mauer bietet. Eine Mauer in dieser Höhe benötigt nicht nur ein tiefes Fundament, sondern auch Pfeiler, um absolut stabil und sicher zu sein.

EIN IDEALER HINTERGRUND

RECHTS: Glyzinen (Wisteria) blühen an einer sonnigen Mauer. Einige Exemplare werden bis zu hundert Jahre alt und mit der Zeit sehr schwer – sie müssen deshalb gut befestigt sein.

Gemeiner Efeu
Hedera helix 'Arborescens'

Mauern

Ein mit Mauern umgebener Garten ist etwas Besonderes, denn im Schutz de Mauern gedeihen empfindliche Pflanzen, und an sonnigen Südwänden lassen sich sogar Pfirsich- und Aprikosenbäume ziehen. Zudem ist man in einem solchen Gar ten vor den neugierigen Blicken von Passanten vollkommen sicher.

Nutzen Sie also die Vorteile von Gartenmauern. Sie stellen ein vertikales Ele ment dar und bieten für hohe Pflanzen wie Stockrosen *(Alcea)* und Rittersporr *(Delphinium)* einen schützenden Hintergrund. Darüber hinaus stellen sie auch ei Gerüst für Kletterpflanzen dar. An Steinmauern können sich mit der Zeit Pflan zen ansiedeln und einen kleinen Steingarten bilden.

Bei der Pflanzenauswahl für einen mit Mauern umgebenen Garten muss ma berücksichtigen, wie viel Schatten die Mauern werfen und dass die Erde entlan von Mauern meist trocken ist. Selbst die Hausmauer kann hinter einem Pflanzer

kleid verschwinden – Glyzinen *(Wisteria)* und Efeu *(Hedera)* wirken sehr traditionell.

Die Kosten für den Bau einer Gartenmauer aus Ziegel oder Stein sind so hoch, dass man vermutlich weder eine intakte Hecke noch einen Zaun durch sie ersetzen wird. Deshalb sollte man die Vorteile von Mauern in kleineren Dimensionen nutzen, wie etwa am Fuß eines Hochbeetes oder einer Stützmauer, die ein Hangbeet abschließt.

PFLANZEN AUF DER MAUER

RECHTS: Fetthenne (Sedum) *hat sich in den Fugen der alten Ziegelmauer angesiedelt.*

IM SCHUTZ DER MAUER

GEGENÜBER: *Die verwitterte Ziegel- und Flintsteinmauer bietet farbenprächtigen Einjährigen wie Löwenmaul* (Antirrhinum), *Goldrute* (Solidago) *und Kosmeen Heimat.*

KUNST DES KASCHIERENS

UNTEN: *Am rückwärtigen Rabattenrand verdeckt ein Feuerdorn* (Pyracantha) *die schadhaften Stellen der alten Ziegelmauer.*

Mauern bepflanzen

Viele Pflanzen samen sich bereitwillig aus und siedeln sich in den Fugen von Mauern an. Zu ihnen zählen Goldlack (*Cheiranthus*), Fetthenne (*Sedum*) und Sonnenröschen (*Helianthemum*). Für mehr Abwechslung sorgen Blaukissen (*Aubrieta*) und andere Steingartenpflanzen. Ziegelmauern sind am einfachsten zu bepflanzen. Man gräbt eine kleine Spalte, indem man ein wenig Mörtel entfernt.

1 *In die Spalte so viel feuchtes, lehmhaltiges Substrat wie möglich geben. Genügend Platz für die Wurzeln der Pflanze lassen.*

2 *Pflanze senkrecht halten und in die Spalte drücken. Substrat zugeben und um die Wurzeln festdrücken, damit die Pflanze hält.*

Hecken

Heckenpflanzen eignen sich nicht nur dazu, den Garten einzufrieden, sondern bilden auch den Hintergrund von Rabatten und bieten empfindlichen Pflanzen Windschutz. Zudem schirmen sie Gebäude und Außenlärm ab.

Als Einfriedung, Sichtschutz oder Hintergrund wählt man am besten eine Hecke aus einer Art, wie etwa Gemeine Eibe *(Taxus baccata)*, Riesenlebensbaum *(Thuja plicata)*, Rotbuche *(Fagus sylvatica)* und Weißbuche *(Carpinus betulus)*. Die Hecke sollte an der Basis breit sein und sich nach oben verjüngen, sodass der Regen auch die Wurzeln erreicht. Stechpalme *(Ilex)*, Weißdorn *(Crataegus)* oder eine stachelige Heckenrose bieten zudem Sicherheit. Niedrige Heckenpflanzen wie Buchsbaum *(Buxus)* und Heiligenkraut *(Santolina chamaecyparissus)* eignen sich für Formschnittgärten und Einfassungen.

Mahonie *Mahonia* x *media*

Riesenlebensbaum *(Thuja plicata)*

Gemeine Eibe *(Taxus baccata)*

SCHUTZWALL

LINKS: *Die einjährige Kletternde Kapuzinerkresse
verleiht der schützenden
dunkelgrünen Eibenhecke
scharlachrote Tupfen.*

AKKURATER SCHNITT

RECHTS: *In dieser formalen
Gartenanlage schließt eine
niedrige Buchsbaumhecke
das Rosenbeet ab.*

Weißbuche (*Carpinus betulus*)

Buchsbaum
Buxus sempervirens

Wintergrüner Liguster
(*Ligustrum ovalifolium*)

Ölweide *Elaeagnus* x *ebbingei*

Zäune

Ein Garten wird am schnellsten mit einem Zaun eingefriedet. Zudem bietet er für einen Bruchteil der Kosten einer Mauer beinahe das gleiche Maß an Abgeschlossenheit. Es gibt viele verschiedene Zaunarten. Dichte Lattenzäune sorgen in Städten für Sicherheit und Sichtschutz. Auf dem Land eignen sich Zäune aus Pfosten und Riegeln besser, da sie Vieh fernhalten, ohne die Aussicht zu behindern.

Ein hübscher weißer Latten- oder Staketenzaun, an dem Rosen oder Waldreben (*Clematis*) klettern, oder ein Flechtzaun aus Hasel- oder Weidenruten passen zu einem Bauerngarten. Letztere wirken besonders rustikal und eignen sich gut für windige Standorte, an denen ein stabilerer Zaun leicht umgerissen wird. In städtischen Vorgärten oder größeren Gärten von Landsitzen sehen Metallzäune gut aus.

Für kleine Gärten sind Zäune gegenüber Hecken die bessere Wahl, da Pflanzen den Boden auslaugen und dadurch benachbarte Pflanzungen beeinträchtigen.

HOPFEN UND PFOSTEN

OBEN: *Goldblättriger Hopfen* (Humulus) *klettert an den ausgeblichenen Pfosten des Zaunes, dessen kräftige Struktur erst im Winter, wenn der Hopfen abstirbt, sichtbar wird.*

DEKORATIVE ERGÄNZUNG

RECHTS: *Durch ein zusätzliches Gitterwerk aus Holz bietet ein Zaun oder eine Mauer auf einfache und preiswerte Weise noch mehr Schutz.*

Holzgitter

Bereits seit Hunderten von Jahren verwendet man dekorative Holzgitter, um Pflanzen zu stützen sowie Bereiche einzufrieden und abzuschirmen, ohne dass zu viel Schatten entsteht. Da Holzgitter leicht und einfach zu befestigen sind, eignen sie sich ideal für Dachgärten. Durch ihre offene Struktur schwächen sie den Wind ab, ohne ihn abzublocken, wodurch schädliche Windkänale entstehen würden.

Zwischen grünen Pflanzen wird ein dunkelgrün gestrichenes Holzgitter fast unsichtbar. Zugleich erlaubt es Durchblicke, sodass es gut als »Raumteiler« einzusetzen ist. Rustikale Bogen aus Holzgitter bieten einer Kletterrose oder Waldrebe (Clematis) eine wunderbare Stütze. Direkt an der Mauer oder am Zaun befestigte Paneele stellen dort, wo Kletterpflanzen sonst nicht gezogen werden könnten, eine ideale Kletterhilfe dar.

SICHTSCHUTZ UND STÜTZE

GEGENÜBER: Das dichte Holzgitter dient sowohl als beständiger Sichtschutz vor einem unerwünschten Anblick als auch als Hintergrund für die Rosen.

UNSICHTBARE STÜTZE

UNTEN LINKS: Diese Schwaden aus Bougainvilleen benötigen eine kräftige, stabile Kletterhilfe.

HOLZGITTER EN MINIATURE

OBEN: Die einfachste Form eines Holzgitters – Kletterhilfe in einem Blumentopf, hier für einen Russischen Wein (Cissus rhombifolia).

285

Eine Kletterrose bildet einen romantischen Hintergrund.

Jungfernrebe *Parthenocissus henryana*

Waldgeißblatt *Lonicera periclymenum* 'Belgica'

Nachtschatten *Solanum crispum* 'Glasnevin'

Kletterpflanzen

Sie lassen Mauern und Zäune weicher erscheinen und verleihen dem Garten Höhe. Leichte Arten wie Wohlriechende Wicke (*Lathyrus odoratus*) oder Prunkwinde (*Ipomoea*) eignen sich für Obelisken oder Bogen aus Holz. Eine stabile Mauer bietet einer schweren Glyzine (*Wisteria*) Halt. Die Kombination aus Immer- und Sommergrünen sorgt für Abwechslung. Geißblatt (*Lonicera*) und Passionsblume (*Passiflora*) bestechen durch ihre Blüte. Manche Arten müssen eingebunden werden.

Blaue Passionsblume (*Passiflora caerulea*)

Hochbeete

In Bereichen mit gepflasterten Flächen, wie etwa auf Flachdächern oder in Innenhöfen, bieten Hochbeete die Möglichkeit, eine dauerhafte Pflanzung anzulegen. Man kann mit ihnen verschiedene Höhenniveaus einführen oder geschlossene Flächen auflockern. Hochbeete aus Ziegel passen in eine formal gestaltete Umgebung. Für rustikale Gärten eignen sich eher Hochbeete aus kesseldruckimprägnierten Kanthölzern oder alten Eisenbahnschwellen.

Da ein Hochbeet auch mit Spezialsubstrat gefüllt werden kann, lassen sich in ihm Pflanzen ziehen, die im Boden nicht gedeihen würden, etwa Kamelien und Heidekraut, die saure Erde brauchen, oder Steingartenpflanzen, die nur in gut durchlässiger, sandhaltiger Erde wachsen. Beziehen Sie einige Hängepflanzen mit ein: Sie kaschieren die harten Kanten des Hochbeetes und betonen seine Höhe.

VERSETZTE STUFEN

OBEN: Die in verschiedenen Höhen angeordneten Hochbeete aus Ziegeln haben die bepflanzbare Fläche deutlich vergrößert.

DIE SCHLICHTHEIT GERADER LINIEN

GEGENÜBER: In diesem modernen Dachgarten in Kalifornien wurden die Hochbeete aus Beton wie die Mauern gestrichen. Die schlichte Bepflanzung weist architektonische Effekte auf.

Bau eines Hochbeetes

Ein Hochbeet bereichert jeden Garten, egal, ob es frei platziert ist oder nur aus einer Stützmauer besteht. Das Fundament sollte etwas größer sein als das fertige Hochbeet und etwa 30 cm tief. Eine Abdeckung aus Ziegel, die entgegen der Laufrichtung der Wände verlegt ist, ergibt einen wetterfesten und hübschen Abschluss. Nach Fertigstellung wird das Beet mit einer Drainage aus Steinen oder anderem geeigneten Material versehen.

1 *Den Grundriss mit Stöcken und Schnüren markieren. Einen Graben für das Fundament ausheben. Beton einfüllen und über Nacht abbinden lassen.*

2 *Aus Schlackensteinen und Mörtel eine Innenmauer errichten. Von der Außenmauer aus Ziegel zuerst die Ecken bauen, dann die Lücken schließen.*

3 *Beide Mauern abdecken – die Ziegel dabei gegen die Laufrichtung der Mauern anbringen. Drainagematerial einfüllen, darauf ein hochwertiges Substrat geben.*

Perfekte Bepflanzung

Bäume und Sträucher verleihen dem Garten eine beständige Struktur, während Stauden, Sommerblumen, Zwiebelpflanzen und sogar Ziergräser durch Farbe und Kontrast für zusätzlichen Reiz sorgen.

DEKORATIVE STRAUCHRABATTE
Diese reine Strauchrabatte (links) *zeigt die vielfältigen Wuchsformen ihrer Pflanzen. Lace-cap-Hortensien* (oben) *fügen ihr Farbe hinzu.*

ERHÖHTER BLICKFANG

OBEN: *Auf einem quadratischen Stein-sockel zieht ein Meer aus rosa- und violettroten Blüten in Augenhöhe die Blicke auf sich.*

AM WEGENDE

LINKS: *Lauchrabatten* (Allium) *und ein Goldregenbogen* (Laburnum) *rahmen die Blickachse zu einem schlichten Stein sockel ein.*

INNEHALTEN UND SEHEN

OBEN RECHTS: *Die architektonisch wir-kenden Blütenstände der Mahonie* Mahonia x media 'Charity' *bilden vor der rostrot gestrichenen Mauer einen Blickfang in dem kleinen Garten.*

HINTER DEM HOLZGITTERBOGEN

RECHTS: *Der Bogen rahmt ein locker gruppiertes Arrangement aus Hochbeet Pflanzgefäß und Sträuchern ein.*

Blickfänge

Blickfänge in einem Garten ziehen den Besucher an und fordern ihn dazu auf, andere Gartenbereiche zu erkunden und weitere Höhepunkte zu entdecken. Diese müssen nicht aus Gegenständen bestehen – ein Zierbaum, eine Strauchgruppe oder ein Wasserlauf erfüllen diesen Zweck genauso wie eine Kombination aus Pflanzen und Strukturen, etwa eine mit Pelargonien gefüllte Spindel auf einem Sockel oder ein Bogen mit einer Kletterrose, der eine elegante Bank einrahmt.

In einer Rabatte oder einem Blumenbeet dienen charakteristische Pflanzen als Blickfang, wie etwa eine Keulenlilie *(Cordyline)* mit schwertförmigen Blättern inmitten von duftigen Stauden oder die Fenchel-Sorte *Foeniculum vulgare* 'Purpureum' in einem Kreis von niedrigen Kräutern.

Blickfänge lenken von unschönen Gartenelementen wie Wassertanks, Komposthaufen oder Schuppen ab. Während ein stabiler Sichtschutz dazu verleitet, Verborgenes zu vermuten, und dadurch Aufmerksamkeit auf sich zieht, belohnt eine Baum- und Strauchgruppe bei einem Sitzplatz mit einem hübschen Anblick.

Höhe im Garten

Für einen interessanten Garten ist Höhe ein wichtiger Faktor. Indem vertikale Elemente Blickachsen durchbrechen oder verstellen, vermitteln sie Raum und Bewegung. Höhe lässt sich gut mit Bäumen herstellen, doch wird ein Garten neu angelegt, muss man leider lange warten, bis der geplante Effekt erreicht ist.

Konstruktionen führen dagegen sofort zum Ziel: Pergolen, Bogen und Pavillons heben die Blickachse an. Man sollte jedoch nicht zu viele zusammenhanglose Elemente verwenden, da besonders in kleinen Gärten schnell der Eindruck eines Sammelsuriums entsteht. Wählen Sie ein oder zwei einfache Konstruktionen und ziehen Sie an ihnen Kletterpflanzen, die sowohl das Gerüst verbergen als auch ihre Form gut zur Geltung bringen. Ein Obelisk mit einer Waldrebe *(Clematis)* und einer Rose, die zur gleichen Zeit blühen, führt den Blick nach oben und bietet einen hübschen Farbkontrast. Einen ähnlichen Effekt erzielt man in Rabatten und Blumenbeeten mit hohen Gräsern, imposanten Artischocken *(Cynara)* sowie ein- und mehrjährigen Sonnenblumen *(Helianthus),* die mehr als mannshoch werden können.

HIMMELSTÜRMER

OBEN: *Kletternde Wohlriechende Wicken* (Lathyrus odoratus) *bilden einen pastellfarbenen, duftenden Turm und sorgen über Monate für frische Schnittblumen.*

HOHE GRÄSER

RECHTS: *In der bezaubernden Rabatte dominieren Ziergräser wie Chinaschilf* (Miscanthus), *das bis zu 2,10 m Höhe erreicht.*

MAXIMALE HÖHE

RECHTS: Die hohen Pflanzen verhindern, dass die wuchtige Steinmauer die Staudenrabatte optisch erdrückt.

Bäume und Sträucher

Bäume und Sträucher bilden die natürliche Struktur eines Gartens sowie die Basis für Stauden und Einjährige, die die Lücken zwischen ihnen ausfüllen. Bäume spenden im Sommer Schatten, tragen Früchte und erfreuen durch ihre Blüte und Herbstfärbung. Kinder klettern gern auf ihnen, und zudem bieten sie vielen Tieren Heimat.

Bei der Wahl eines Baumes muss seine Größe und Form berücksichtigt werden. Bäume mit runden und hängenden Kronen, wie etwa der Gewöhnliche Trompetenbaum *(Catalpa bignonioides)* oder die Rotbuche *Fagus sylvatica* 'Pendula', sind schöne Solitärpflanzen. Der Vorteil eines immergrünen Baumes ist offensichtlich, doch der Effekt der Silhouette eines blattlosen Baumes vor niedrig stehender Wintersonne ist nicht zu unterschätzen. Ebenso wenig sollte man die Farbe von Bäumen vernachlässigen. Der Amberbaum *(Liquidambar styraciflua)* ist für seine herrliche Herbstfärbung bekannt, während die gelben Früchte der Zierapfel-Sorte *Malus* x *zumi* 'Golden Hornet' bis ins neue Jahr am Baum bleiben.

LICHTER SCHATTEN

GEGENÜBER: Durch die hängenden Zweige dieser Birke (Betula) *fällt gesprenkelter Schatten – ein herrlicher Solitärbaum für einen Rasen oder ein Ufer.*

SAURER BODEN

LINKS: Diese Pflanzung aus panaschierten und farbenprächtigen Sträuchern und Zierbäumen besteht ausschließlich aus Gewächsen, die sauren Boden benötigen.

BAUM FÜRS GANZE JAHR

OBEN: Die Kupferfelsenbirne (Amelanchier lamarckii) *ist ein idealer hoher Strauch oder Baum für einen kleinen Garten. Im Frühling ist er bedeckt mit Blüten, im Sommer mit Früchten, und im Herbst trägt er auffallend gefärbtes Herbstlaub.*

Beete und Rabatten

Geschickt angelegte Staudenrabatten halten das ganze Jahr über einer genauen Überprüfung stand. Sie weisen eine Struktur aus verschiedenen Strauch-Arten auf, die immergrüne und Früchte tragende Sträucher für den Winter umfasst, früh blühende Büsche wie Zierquitten (*Choenomeles*) sowie Arten mit herrlichem Herbstlaub. Rosen sorgen den ganzen Sommer über für Duft und Farbe, und einer Unterpflanzung mit Frühlingszwiebelpflanzen folgen später Sommerblumen und Stauden. Auf diese Weise bietet die Rabatte bis zum ersten Frost Blüten.

Bei der Bepflanzung von Beeten muss auf die Himmelsrichtung geachtet werden. Viele Sträucher vertragen keine Morgensonne auf ihren gefrorenen Blättern, und einige der hohen Stauden, wie etwa Rittersporn (*Delphinium*) und Türkischer Mohn (*Papaver orientale*), entwickeln an zu schattigen Plätzen nur schwachen und dünnen Wuchs. Auch sollte man nur Pflanzen kombinieren, die ähnliche Substratbedingungen benötigen. Wenn Sie diese wenigen, aber wichtigen Regeln befolgen, werden die Rabatten und Beete in Ihrem Garten Sie das ganze Jahr erfreuen.

EINE FRÜHLINGSRABATTE

LINKS: Vergissmeinnicht (Myosotis) *und zweijähriger Goldlack* (Cheiranthus) *in zarten Gelbtönen unter einer Rosenwolke – ein Arrangement in freundlichen Farben, das einen angenehmen Anblick bietet.*

SOMMERBLUMEN

RECHTS: Osteospermum *ist eine schnellwüchsige Pflanze und eignet sich daher gut für den Rand einer Sommerrabatte. Leider sind nicht alle Arten winterhart.*

Winter

Auf den ersten Blick sieht ein Garten im Winter nicht besonders attraktiv aus – man muss schon genau hinsehen und das Auge an die eher ungewöhnlichen Formen der Schönheit der Natur gewöhnen. Das Astgerippe blattloser Bäume, bestachelte Rosenranken, das drahtige Geflecht von Waldreben – sie haben ihren eigenen Reiz. Bereits mit einer dünnen Schneeschicht erscheint der Garten in neuem Licht: Statt der Pflanzen treten nun Mauern, Hecken, Pergolen und Obelisken hervor und legen die Struktur des Gartens offen.

Immergrüne, besonders panaschierte wie etwa der Kletter-Spindelstrauch *Euonymus fortunei* 'Emerald 'n' Gold', setzen den monotonen Braun- und Grautönen Farbe entgegen. Die konische Form der Fichten *(Picea)* sowie Pyramiden aus schwachwüchsiger Eibe *(Taxus)* bleiben das ganze Jahr über erhalten. Stechpalmen *(Ilex)* können im Winter formiert werden, Hartriegel *(Cornus)* hat leuchtende, blattlose Zweige, und Sträucher wie *Mahonia* x *media*

EIN HAUCH VON FROST

UNTEN: *Mit Raureif überzogene Blätter ergeben an einem kalten Wintermorgen einen hübschen Anblick.*

Gemeine Eibe
(Taxus baccata)

WINTERRABATTE

LINKS: *Vor dem skulpturhaft
wirkenden Hintergrund aus
säulenförmigen Koniferen
und einer makellos geschnittenen Eibenhecke kommen
die gefärbten Zweige des
Hartriegels* (Cornus) *und
der blühende Mittelmeer-
schneeball* (Viburnum tinus)
gut zur Geltung.

301

Nieswurz
(Helleborus-Hybride)

EIN WALDGARTEN

RECHTS: Nieswurz (Helleborus) *liebt einen schattigen Platz, wie ihn dieser Gehölzstreifen bietet, wo sie sich bereitwillig aussamt. Die Blüten der Hybriden erscheinen ab Wintermitte in Weiß und Nuancen von Rosa- und Violettrot.*

GELBWEISSER TEPPICH

UNTEN: *Weiße Schneeglöckchen* (Galanthus) *und leuchtend gelber Winterling* (Eranthis hyemalis) *mit seinen hübschen grünen Blattkränzen blühen ab dem Spätwinter.*

'Charity', Winterblüte *Chimonanthus praecox, Garrya elliptica,* Japanische Schweifähre (*Stachyurus praecox*) und Mittelmeerschneeball (*Viburnum tinus*) blühen in den Monaten, in denen man Blüten am wenigsten erwartet. Schneeglöckchen (*Galanthus*), Nieswurz (*Helleborus*) in zarten Violett-, Rosa- und Grüntönen, kleine tintenblauviolette Schwertlilien (*Iris*) und gelber Winterling (*Eranthis hyemalis*) tragen viele Blüten, mit denen sie das Jahr begrüßen.

Frühling

Der Frühling ist die aufregendste Jahreszeit im Garten. Bäume und Sträucher zeigen die ersten zartgrünen Blätter, und der Boden unter ihnen ist übersät mit Blüten. In dieser Jahreszeit bieten Zwiebelpflanzen für einige Wochen eine wahre Blütenpracht, um sich dann bis zum nächsten Jahr in die Erde zurückzuziehen.

Narzissen sind klassische Frühlingsblumen – von der kleinen 'Baby Moon' über die Alpenveilchennarzisse *(Narcissus cyclamineus)* mit zurückgeschlagenen Kronblättern bis zu den kräftigen Trompeten von 'King Alfred'. Zwergnarzissen, Kissenprimeln *(Primula vulgaris)* und weiße Traubenhyazinthen *(Muscari)* ergeben eine zarte Pflanzung, während dunkelviolette Tulpen inmitten von weißem Wiesenkerbel

FRÜHLINGSBEPFLANZUNG

OBEN: Diese Zusammenstellung umfasst gelbe und gelbweiße Narzissen sowie dunkelblaue Traubenhyazinthen (Muscari).

KRÄFTIG UND LEUCHTEND

LINKS: Flächig angepflanzter gelber Goldlack (Cheiranthus) *wird durch die roten Blüten der Tulpen betont und ergibt einen verblüffenden Anblick.*

UNTER DER LAST VON BLÜTEN
LINKS: Die Blüte dieser voll entwickelten Japanischen Zierkirsche Prunus 'Tai-haku' *ist ein unvergesslicher Anblick.*

FRÜHLINGSBOUQUET
RECHTS: Stiefmütterchen, Apfelblüten und Hasenglöckchen – ein kleiner Strauß, gerade groß genug für einen Eierbecher.

(*Anthriscus sylvestris*) einem kontrastreichen Farbschema entsprechen. Wer das Mähen bis zum Frühlingsende vermeidet, kann Krokusse, Schneeglöckchen (*Galanthus*) und Schachbrettblumen (*Fritillaria meleagris*) in den Rasen pflanzen. Sie ergeben einen wunderbaren Farbteppich. Als blühende Sträucher eignen sich Zaubernuss (*Hamamelis*), Zierkirsche (*Prunus*) mit ihren klassischen einfachen Blüten oder Blütenbüscheln sowie die leuchtend gelbe Forsythie.

WEISS IN WEISS
OBEN: Tulpen, Steinkraut (Alyssum), *Maßliebchen* (Bellis) *und die weißrandigen Blätter der Funkien* (Hosta) *ergeben eine sorgfältig zusammengestellte weiße Rabatte.*

SPÄTZÜNDER

RECHTS: *Drei Pflanzen mit gleicher Höhe, aber sehr verschiedenen Blüten – der etwas düster wirkende Eisenhut* (Aconitum), *die schlichte Wiesenmargerite und die gelbe Inkalilie* (Alstroemeria) *blühen im Spätsommer.*

SOMMERGEFÄHRTEN

GEGENÜBER: *Violettrote Katzenminze* (Nepeta) *und rosarote Rosen passen herrlich zusammen – nicht nur wegen ihrer Farben, sondern auch wegen ihrer Wuchsform. Die breit wachsende Katzenminze macht kahle Rosenstiele unsichtbar.*

Wiesenmargerite
(Leucanthemum vulgare)

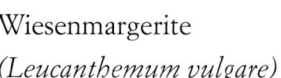

Sommer

Die Blütenpracht der Staudenrabatten bildet den Höhepunkt dieser Jahreszeit. Sie weiser nicht nur mehrjährige Pflanzen auf, sondern auch Sommerblumen und Sträucher. Bewährt Pflanzen sind Rosen, Lilien, Phlox, Waldreben *(Clematis),* Geißblatt *(Lonicera)* und Son nenbraut *(Helenium).* Sie erfreuen Jahr für Jahr und können durch Aussaat von Nachtviol (Hesperis), Ringelblume *(Calendula),* Levkoje *(Matthiola)* und Clarkie ergänzt werden.

In all der Fülle sorgt ein Pflanzschema für Ordnung. Eine weiße Rabatte mit Rosen, Päonier Lilien, Mohn *(Papaver),* Glockenblumen *(Campanula)* und silbriglaubigen Sträucher wirkt ruhig, während eine Gruppe aus roten Dahlien, Bartfaden *(Penstemon),* India nernessel *(Monarda)* und Rosen mit ihren Farben auf sich aufmerksam mach

In einem Sommergarten darf Duft nicht fehlen. Tagsüber verströme Rosen, Lilien und Wohlriechende Wicken *(Lathyrus odoratus)* eine intensiven Duft. Am Abend erfüllt das Parfum von Levkojen, Ziertaba

(*Nicotiana*) und Jasmin die Luft und zieht sowohl Falter als auch Menschen an.

Ununterbrochen blühende Rabatten stellen im Sommer eine Herausforderung dar. Das Entfernen welker Blüten fördert die Blühwilligkeit der Pflanzen. Rittersporn (*Delphinium*) wird zu einer zweiten, späteren Blüte ermutigt, wenn man seine abgeblühten Triebe zurückschneidet. Man sollte Töpfe mit Lilien oder Pelargonien bereithalten, um bei Bedarf Lücken in der Rabatte füllen zu können. Wuchernde

Pflanzen können jedoch auch so arrangiert werden, dass sie abgestorbene oder welke Nachbarn kaschieren. Spätsommerblumen wie Eisenhut (*Aconitum*), Sonnenhut (*Rudbeckia*), Goldmohn (*Eschscholzia*) und Akanthus ersetzen Pflanzen, die ihren Höhepunkt bereits überschritten haben.

DIE SONNE GEHT AUF
OBEN: Einjährige Sonnenblumen (Helianthus) *sind willkommene Sommerpflanzen. Sie sind leicht aus Samen zu ziehen und deshalb ideal für Kinder.*

EIN ROTES MEER
LINKS: Sonnenbraut Helenium 'Crimson Beauty' *bildet ein Blütenmeer in spätsommerlichem Rostrot.*

FARBE FÜR VIELE WOCHEN
GEGENÜBER: *Dahlien, Montbretien* (Crocosmia), *Bartfaden* (Penstemon), *Salbei* Salvia involucrata *und Raublatt-astern* (Aster novae-angliae) *sorgen vom Spätsommer bis zum Spätherbst für eine blühende Rabatte.*

FEUERWERK AM HIMMEL
LINKS: *Die Fächerahorn-Sorte 'Ozaka-zuki' und der Amberbaum* Liquidam-bar orientalis *im Hintergrund bieten eine spektakuläre Herbstfärbung. Ahornbäume eignen sich gut für kleine Gärten, da sie eine anmutige und kom-pakte Wuchsform und außergewöhnlich schöne Blätter besitzen.*

Herbst

n dieser Jahreszeit nehmen die Farben im Garten an Intensität zu, besonders bei Dämmerung. Fackellilien (*Kniphofia*) mit ihren feuerroten Blüten und die Blätter des Federbuschstrauches *Fothergilla major* glühen derart, dass man meint, sich an hnen zu verbrennen. Raublattastern (*Aster novae-angliae*) blühen in Scharlach- und Violettrot, während Dahlien in leuchtendem Rot lodern, bis sie der erste Frost rifft. Die papierartig anmutenden Früchte der Lampionblume (*Physalis*) heitern ede düstere Ecke auf. Sträucher wie Zwergmispel (*Cotoneaster*) und Feuerdorn *Pyracantha*) bilden ein gutes Gleichgewicht zu ihnen. Zudem stellen sie mit ihren Früchten im Winter die Nahrung für die Tierwelt des Gartens sicher.

Zu den Stars dieser Jahreszeit zählen einige Bäume. Die Blätter von Sorten des Fächerahorns (*Acer palmatum*) färben sich in atemberaubendem Scharlachrot und lassen ein wahres Feuerwerk an Farben entstehen. Ginkgolaub ist buttergelb, die Blätter des Amberbaumes (*Liquidambar*) färben sich von Orange bis Rot.

Dahlie *Dahlia* 'Bishop of Llandaff'

Das ganze Jahr schön

Ein Garten, der in jeder Jahreszeit interessante Pflanzen aufweist, ist stets schön. Zwiebel-pflanzen wie etwa Narzissen sorgen im Frühjahr für Frische, während Stauden wie Türkischer Mohn *(Papaver orientale)* jedes Jahr von neuem mit Farbe erfreuen. Beeren fügen dem win-terlichen Garten rote Farbtupfen hinzu. Verschiedene Blattformen stellen Kontraste her, zum Beispiel zarte Farne neben den rauen, großen Blättern von *Gunnera*. Einige Bäume wirken allein schon wegen ihrer Rinde: Die Tibetanische Kirsche *(Prunus serrula)* besitzt eine glän-zende Rinde, manche Ahorn-Arten haben ein schlangenhautartige.

Der Garten sollte nicht voreilig aufgeräumt werden, denn einige Samenstände, wie die von Fenchel und Mohn, sind sehr dekorativ. Zudem schützen sie den nächstjährigen Wuchs und dienen als Nahrung für die Vögel. Manche Samenstände übertreffen sogar die oft unschein-baren Blüten der Pflanzen, wie die papierdünnen Samenschoten des Silberlings *(Lunaria)* oder die Samenkapseln der Weberkarde *(Dipsacus sativus)*.

IMMERGRÜNE KOMPOSITION
OBEN: *Schmallaubiger Rosma-rin und Buchsbaum ergänzen die Mahonie mit ihren breiten Blättern.*

Mahonie
(Mahonia)

Narzisse
Narcissus 'Soleil d'Or'

WINTERLICHE SAMENSTÄNDE
RECHTS: *Verschie-dene Samenstände, wie etwa von Efeu und Silberling, bieten im Winter einen kontrastreichen und interessanten Anblick.*

HÖHEPUNKTE IM HERBST

RECHTS: *Sträucher mit
schöner Laubfärbung bele-
ben eine waldähnliche
Umgebung.*

PATCHWORK IN GRÜN

UNTEN LINKS: *Zwischen
Koniferen und Heidekraut
schlängelt sich ein weicher
Rasenstreifen.*

Schafgarbe
*(Achillea
millefolium)*

Samenkapseln des
Schlafmohns
(Papaver somniferum)

Klatschmohn
(Papaver rhoeas)

Artischocke
(Cynara scolymus)

Weberkarde
(Dipsacus sativus)

Skimmie
Skimmia japonica

315

TROCKEN UND STAUBIG

UNTEN: Der Boden vor einer Mauer ist meist einer der trockensten Plätze im Garten. Er eignet sich jedoch für sukkulente Agaven und Osteospermum.

Sonnige Plätze

Im Allgemeinen sind sonnige Standorte am einfachsten zu bepflanzen. Es gibt eine große Auswahl an Pflanzen, die in voller Sonne blühen und Früchte bilden. Die meisten benötigen nur anfangs – besonders beim Wässern – etwas mehr Aufmerksamkeit. Doch nur wenige Plätze haben den ganzen Tag Sonne, denn Gebäude, Bäume und Sträucher werfen Schatten. Bei der Auswahl von Pflanzen sollte dies berücksichtigt werden. Einige Arten benötigen bestimmte Wachstumsbedingungen. Schwertlilien blühen beispielsweise nicht, wenn ihre Rhizome vor der Sonne beschienen werden. Dagegen lieben mediterrane Kräuter, etwa Rosmarin, Lavendel und Thymian, sowie Sträucher wie die Zistrose (*Cistus*) volle Sonne und nährstoffarme, gut durchlässige Erde.

Für einen sonnig gelegenen Garten, der der Witterung ausgesetzt ist, eignen sich trockenheitsverträgliche Pflanzen besser als nur sonnenliebende. Silbriglaubige Gewächse reflektieren das Sonnenlicht und verbrennen nicht so leicht wie grüne Blattpflanzen. Schmalblättrige Pflanzen wie Gräser oder Ginster benötigen wenig

GENÜGSAME PFLANZEN

LINKS: Steingartenpflanzen gedeihen auch unter extremen Bedingungen. In diesem Kiesbeet wachsen die Lein-Art Linum arboreum *und Alpenbalsam* (Erinus alpinus).

SONNENLIEBENDE GEWÄCHSE

RECHTS: Gut durchlässiger Kies bietet alle Voraussetzungen für sonnenliebende Pflanzen wie Thymian (Thymus), *Schwertlilien* (Iris), *Binsenlilien* (Sisyrinchium) *und Bartnelken* (Dianthus barbatus).

Wasser, da die Oberfläche ihrer Blätter im Verhältnis zur Gesamtgröße klein ist und sie deshalb nur eine geringe Wasserverdunstung haben. Arten mit großen Blättern welken rasch, wenn sie direkter Sonne und starkem Wind ausgesetzt sind. Sukkulenten können dagegen Wasser speichern; dies gilt auch für Pflanzen mit behaarten Blättern wie Salbei und Wollziest (*Stachys byzantina*). Steingarten- und Küstenpflanzen gedeihen an jedem exponierten Standort.

WÜSTENGARTEN

OBEN: *Kakteen sind die unangefochtenen Gewinner in Trockengebieten. In diesem Garten in Santa Barbara, Kalifornien, kommen ihre imposanten Formen, die an Skulpturen erinnern, gut zur Geltung.*

KIESGARTEN

LINKS: *Diese Pflanzung besteht aus meist graulaubigen Gewächsen, die aride Wachstumsbedingungen vertragen – Agave, Lauch (Allium), Wollziest (Stachys byzantina) mit behaarten Blättern, sukkulente Fetthenne (Sedum), Salbei (Salvia), Ginster (Genista) und Gottvergess (Ballota).*

Berufkraut *Erigeron glaucus*

Dieses Kiesbeet in einer warmen Region ist ideal für die sonnenliebende Agave.

Hauswurz *(Sempervivum)*

Echinacea purpurea

chlafmützchen (*Eschscholzia californica*)

Pflanzen für sonnige Plätze

Wählen Sie Pflanzen, die aus exponierten oder trockenen Regionen stammen: etwa Agaven aus Mittelamerika, *Osteospermum* vom südafrikanischen Tafelberg sowie Steingarten- und Küstenpflanzen, die sich mit wenig Regen begnügen und Wassermangel überstehen. Berufkraut ist eine winterharte, kleine Steingartenpflanze, *Echinacea* blüht in voller Sonne, und die Blüten des Schlafmützchens schließen sich sogar an bedeckten Tagen.

SCHATTIGER TEICH
RECHTS: Erstaunlich viele Pflanzen
gedeihen an einem feuchten, schattigen
Platz. An diesem Ufer wachsen Farne,
Bambus-Arten, Schilf (Phragmites) *und*
Bubiköpfchen (Soleirolia soleirolii).

BANK IM SCHATTEN
LINKS: Ein großer Baum wirft im Sommer willkommenen Schatten, sodass
die Holzbank einen angenehmen Ruhe-
platz bildet.

Schattige Plätze

Schattige Bereiche können für einen Garten von Vorteil sein. Ein Sitzplatz
unter einem Dach aus Zweigen bietet selbst bei Hitze und stechender Sonne
einen angenehmen Aufenthalt. Ist man bereit, andere Pflanzen zu ziehen als
in einem sonnigen Garten, gelingt auch die Gestaltung eines schattigen Ortes.

Entsteht der Schatten durch Bäume, sollte man sich die Natur zum Vorbild nehmen und Arten pflanzen, die in waldähnlichen Umgebungen heimisch sind. Viele
blühen im Frühling, wie etwa Kissenprimeln *(Primula vulgaris),* Hasenglöckchen
(Hyacinthoides non-scripta), Elfenblume *(Epimedium),* Hundszahn *(Erythronium)*
und Arten von Nieswurz *(Helleborus).* Eine Gruppe von Vergissmeinnicht *(Myosotis)* bildet den idealen Hintergrund für Zwiebelpflanzen. Ihnen allen kommt die
milde Frühlingssonne zugute, bevor sie durch das dichte Blätterdach der Bäume
abgeschirmt wird. Elfenblume und Nieswurz sind selbst nach ihrer Blüte noch
dekorativ: Die Blätter der Nieswurz besitzen architektonische Qualität, und die
mancher Elfenblumen-Sorten verfärben sich im Herbst bronze- und scharlachrot.
Im Sommer vertragen neben mehrjährigem Weiderich *(Lythrum)* und alten

Süßdolde
(Myrrhis odorata)

Päonien-Sorten auch Lilien, Fingerhut *(Digitalis),* Ziertabak *(Nicotiana)* und einige Arten von Storchschnabel *(Geranium)* Schatten.

Trockene, schattige Plätze können Probleme bereiten. Mist und Laubmulch vermindern die Wasserdurchlässigkeit des Bodens. Oder man zieht nur Pflanzen, die diese Bedingungen tolerieren, wie Efeu *(Hedera)* und Farne. Alpenveilchen *(Cyclamen)* fügen ihnen in Frühling und Herbst Farbe hinzu. Sträucher wie Buchsbaum *(Buxus),* Ölweide *(Elaeagnus)* und Johanniskraut *(Hypericum)* füllen Rabatten.

SCHATTEN LIEBENDE PFLANZE

OBEN: Die Nieswurz-Art Helleborus lividus *blüht von Wintermitte bis Spätfrühling in einer schattigen Rabatte. Ihre dekorativen immergrünen Blätter sind am Rand leicht gezähnt.*

IN EINEM WALDGARTEN

LINKS: Fingerhut (Digitalis) *bevorzugt feuchten, humosen Boden und samt sich unter den richtigen Bedingungen aus. Die Blüten der Excelsior-Hybriden besitzen ein großes Farbspektrum.*

Funkie *Hosta fortunei* var. *albopicta*

Hier gedeihen Akeleien, Zitronenmelisse und panaschierter Storchschnabel.

Lungenkraut *Pulmonaria rubra*

Engelsüß *(Polypodium vulgare)*

Hasenglöckchen *(Hyacinthoides non-scripta)*

TIPP DES GÄRTNERS

Pflanzen für schattige Plätze

Diese Pflanzen blühen meist nur kurz, weshalb ihren Blättern mehr Bedeutung zukommt: Große Blätter nehmen möglichst viel Sonnenlicht auf, panaschierte Formen bieten zusätzlichen Reiz. Verschiedene Farn-Arten gedeihen an feuchten oder trockenen, schattigen Plätzen. Sie sorgen für Kontrast und Struktur. Panaschierte immergrüne Sträucher wie der Kletter-Spindelstrauch *(Euonymus fortunei)* und die Ölweide *(Elaeagnus)* hellen dunkle Ecken auf.

Gartenthemen

Blumen-gärten

Die herrlichen Farben und wunderbaren Formen von Blüten verleihen jedem Garten Anmut und Reiz. Zudem bieten sie viele Gestaltungsmöglichkeiten, vom traditionellen Bauerngarten bis zum Garten für Schnittblumen.

ZARTE FARBTÖNE
Rosen wie die Sorte 'Peace' (oben) *und die Alte Rose 'Fantin-Latour'* (links) *bringen in einen Blumengarten Farbe und einen Hauch von Zauber.*

DER NEUENGLAND-STIL

OBEN: *Die herrlich wuchern-*
den Kletterrosen haben
bereits das Dach des Hauses
erklommen. Gruppen von
sich aussamendem, leuch-
tend rotem Mohn (Papaver)
bieten einen kontrastieren-
den Blickfang.

VERTIKALE AKZENTE

LINKS: *Rittersporn (Delphi-*
nium) ist eine klassische
Pflanze für Bauerngärten.
Ihre hohen, unterschiedlich
blauen Blütenstände bilden
oft den rückwärtigen Rand
einer Rabatte.

Bauerngärten

Wer sich einen Garten voll üppiger Pflanzen wünscht, in dem die Natur walten, aber nicht überhand nehmen darf und in dem Kletterrosen das Dach und Fingerhut die Rabatten schmücken, sollte einen Bauerngarten in Betracht ziehen. Doch Vorsicht: Dieser lockere, heitere Stil bedarf einer sorgfältigen Planung.

Zunächst werden viele versteckte Plätze und Höhepunkte geschaffen. Vermeiden Sie, dass man den Garten mit einem Blick erfasst, sondern teilen Sie ihn in Bereiche ein. Formalität und Akkuratesse sind hier fehl am Platz: Zickzackwege mit von Kletterpflanzen überwucherten Bogen vermitteln dem Besucher das Gefühl, nie genau zu wissen, wohin er geht. Der Garten soll ihn einschließen, sodass er sich buchstäblich in ihm verirren kann.

Der Garten muss großzügig bepflanzt werden. Die Pflanzen sollten sich ausbreiten können, ohne ihre Nachbarn zu behindern. Gestalten Sie jeweils unterschiedliche Farbflächen, die geschickt ineinander übergehen, und kaufen Sie viele Duftpflanzen, wenn möglich alte Sorten, deren intensiver Duft lange die Luft erfüllt.

Levkoje
(*Matthiola incana*)

BAUERNGARTEN-STIL
LINKS: Die überaus beliebte aprikosengelbe Rosen-Sorte 'Buff Beauty' wurde Ende der dreißiger Jahre des 20. Jahrhunderts eingeführt. An einem Bogen kommt ihr Duft gut zur Geltung.

Verwenden Sie Ein- und Zweijährige, die sich bereitwillig
ussamen. Sie erscheinen an unerwarteten Stellen und schaf-
en neue, lebendig wirkende Pflanzen- und Farbkombina-
ionen. Kräuter, Obst- und Gemüsepflanzen tragen zu die-
em Stil genauso bei wie Schmetterlinge und Bienen, die von
en vielen Blüten angelockt werden.

Alte Gartenelemente wie Staketenzäune und Ziegelwege
unden einen Bauerngarten stilecht ab – alles ist erlaubt, was
em Ambiente eines solchen Gartens dient.

LUMEN IN DER RABATTE
*INKS: Ein- und Zweijährige,
ie rosaroter und weißer
ingerhut, rote und blaue
ornblumen, violettrote
lockenblumen und Wohl-
echende Wicke, bilden eine
alance zwischen Ordnung
nd Chaos.*

VERWUNSCHENER WEG
RECHTS: *Hohe Stockrosen
und rosa* Lavatera *prägen
die Wirkung des Weges.*

WIE AUS DEM BILDERBUCH
UNTEN: *Ein Rahmen aus
Alten Rosen und Töpfen
macht die Gestaltung perfekt.*

Gartenrittersporn *(Consolida ajacis)*

Buntschopfsalbei *(Salvia viridis)*

Hundsrose *(Rosa canina)*

Verschiedenfarbige Stockrosen und gelbe Königskerzen in einer Rabatte im Bauerngarten-Stil.

Pflanzen für den Bauerngarten

Diese Pflanzen besitzen lockere, weiche Formen und viele hohe, dünne Blütenstände – darüber hinaus bilden sie große Gruppen. Die Farben der Blüten können je nach Geschmack zart oder leuchtend sein und sowohl harmonische Arrangements als auch auffallende Pflanzungen ergeben. Die hier abgebildeten Pflanzen sind traditionell und stilecht.

Stockrose (*Alcea rosea*)

337

Formale Blumengärten

Ein Rundgang in einem formalen Blumengarten mutet einer Truppeninspektion an. Die akkuraten Reihen, einheitlichen Höhen und die Berechenbarkeit eines formalen Gartens wirken beeindruckend und spiegeln ein großes Maß an Pflege und Liebe zum Detail wider. Ein solcher Garten lässt sich am besten durch sorgfältige Planung erreichen. Die Gestaltung ist zum Teil symmetrisch oder geometrisch angelegt und bezieht auch den Anblick aus unterschiedlichen Höhen mit ein, etwa von einem Fenster aus. Mit Struktur gebenden Pflanzen wie Buchsbaum (Buxus), Eibe (Taxus) oder kleinen Koniferen kann man Bereiche definieren, die auffallende Blütenpflanzen füllen. Für Frühlingsbeete eignen sich Tulpen besonders gut. Moderne Strauchrosen erfreuen mit ihrer üppigen Blüte den ganzen Sommer über bis zum ersten Frost. Durch Wiederholung von Gruppen aus gleichen Sorten entsteht ein rhythmisches und stattliches Erscheinungsbild. Sich aussamende, wuchernde und ungezügelt kletternde Pflanzen sollte man vermeiden, damit das Pflanzschema stets sichtbar bleibt.

ROSEN HINTER BUCHSBAUM

LINKS: Buchsbaum (Buxus) *mit seinen kleinen, dicht stehenden Blättern ist eine ideale strukturierende Pflanze, denn man kann sie gut formieren. In dieser klassischen Anlage fasst er rosarote Teehybriden ein. Der Pavillon rundet den eleganten Anblick ab.*

VERSAILLES EN MINIATUR

RECHTS: Mit Hilfe einiger gut gewählter Details entsteht ein kleiner Stadtgarten im Versailles-Stil. Das dreieckige Arrangement aus Pflanzgefäßen lenkt den Blick zu einer mit Heidekraut (Calluna) *bepflanzten, klassischen Spindel.*

339

BIEGSAME ROSEN

OBEN: *Diese weiße Rose bildet einen herrlichen, duftenden Durchgang. Sie wächst zwischen Teehybriden und Strauchrosen.*

ZARTES ARRANGEMENT

LINKS: *In dieser Pflanzung herrschen zarte Farben und weiche Texturen vor. Die hellrosa Rosen sind mit den silbrig behaarten Blättern des Wollziests* (Stachys byzantina) *eingefasst.*

ÜBERBRÜCKTE LÜCKE

RECHTS: *Die üppigen Rosen betonen den Wasserlauf.*

Der Rosengarten

Rosen sind vermutlich die beliebtesten Blumen. Sie sind in einer verwirrenden Vielfalt an Farben und Formen erhältlich. Vor dem Kauf sollte man Faktoren wie Blütezeit, Duft, Wuchsverhalten und Widerstandsfähigkeit gegen Krankheiten in Erfahrung bringen. Unermüdlich wuchernde Sorten, wie etwa die cremeweiße *Rosa filipes* 'Kiftsgate', erreichen bis zu 15 m und ergeben eine schützende Blumenhecke. Alte Rosen blühen meist nur kurze Zeit und fallen durch ihren intensiven Duft auf. Rambler-Rosen bringen in Bodenhöhe lange, biegsame Triebe hervor; sie blühen einmal im Sommer und eignen sich gut dazu, an Bäumen zu wachsen. Die weiße 'Seagull' wird 7,50 m lang. Schöne Kletterrosen sind mit 4,50–6 m etwas kürzer, doch sie bedecken Bogen und Pergolen, da ihre Triebe ein ganzes Netz aus Zweigen bilden. Für kleine Gärten gibt es ebenfalls ein imposantes Angebot an etwa 45 cm hohen Miniaturrosen in kräftigen Farben. Zudem sind Strauchrosen sowie büschel- und großblütige Rosen erhältlich. Doch die unangefochtenen Stars sind die Englischen Rosen: Sie vereinen eine romantische Form und Duft mit einer langen Blüte.

Rose *Rosa* 'Blessings'

Duftende Gärten

Ein schöner Garten wird unter anderem an der Vielzahl von angenehmen Düften gemessen. Die Skala der Duftnoten ist umfangreich und beinhaltet sogar einen so ausgefallenen Duft wie den des aus Marokko stammenden Geißklees *Cytisus battandieri,* der an frische Ananas erinnert. Der wuchsfreudige baumähnliche Strauch wird 4,50 m hoch und trägt hellgelbe Blüten. Er gedeiht am besten vor einer Südmauer. Nelken *(Dianthus)* duften nach dem bekannten Gewürz und das Herbstlaub des Katsurabaumes *Cercidiphyllum japonicum* nach würzigem Kuchen. Sommerjasmin *(Philadelphus)* verströmt dagegen ein berauschendes Parfum. Der Garten kann das ganze Jahr über mit Duft aufwarten: im Winter mit Schneeball *(Viburnum),* im Frühling mit Seidelbast *(Daphne),* im Sommer mit Lilien *(Lilium)* und Heliotrop, das bei regelmäßiger Düngung bis zum Winter blüht. Platzieren Sie stark duftende Pflanzen an mehreren Stellen im Garten, sodass Sie die Duftnoten unterscheiden können. Einige Düfte kommen an Sitzplätzen besonders gut zur Geltung: Lilien, Flieder, Lavendel und Levkojen *(Matthiola),* die nachts duften. Wählen Sie die Arten, die noch den originären, intensiven Duft verströmen statt der schwächer duftenden Sorten.

Gemeiner Flieder
(Syringa vulgaris)

NÄCHTLICHE DÜFTE
RECHTS: Von der Nachtkerze (Oenothera) *benötigt man nur eine Pflanze – sie samt sich bereitwillig aus und erfüllt nachts den Garten mit ihrem Duft.*

INTENSIVE DÜFTE
RECHTS: Die Strohblume Helichrysum italicum *hängt über die Mauer und verbreitet einen durchdringenden Duft. Links und rechts neben der Bank wächst aromatischer Lavendel* (Lavandula).

Der süße Duft der Rose 'Crépuscule' belebt diesen Garten.

Jasmin *Jasminum officinale*

Maiglöckchen (*Convallaria majalis*)

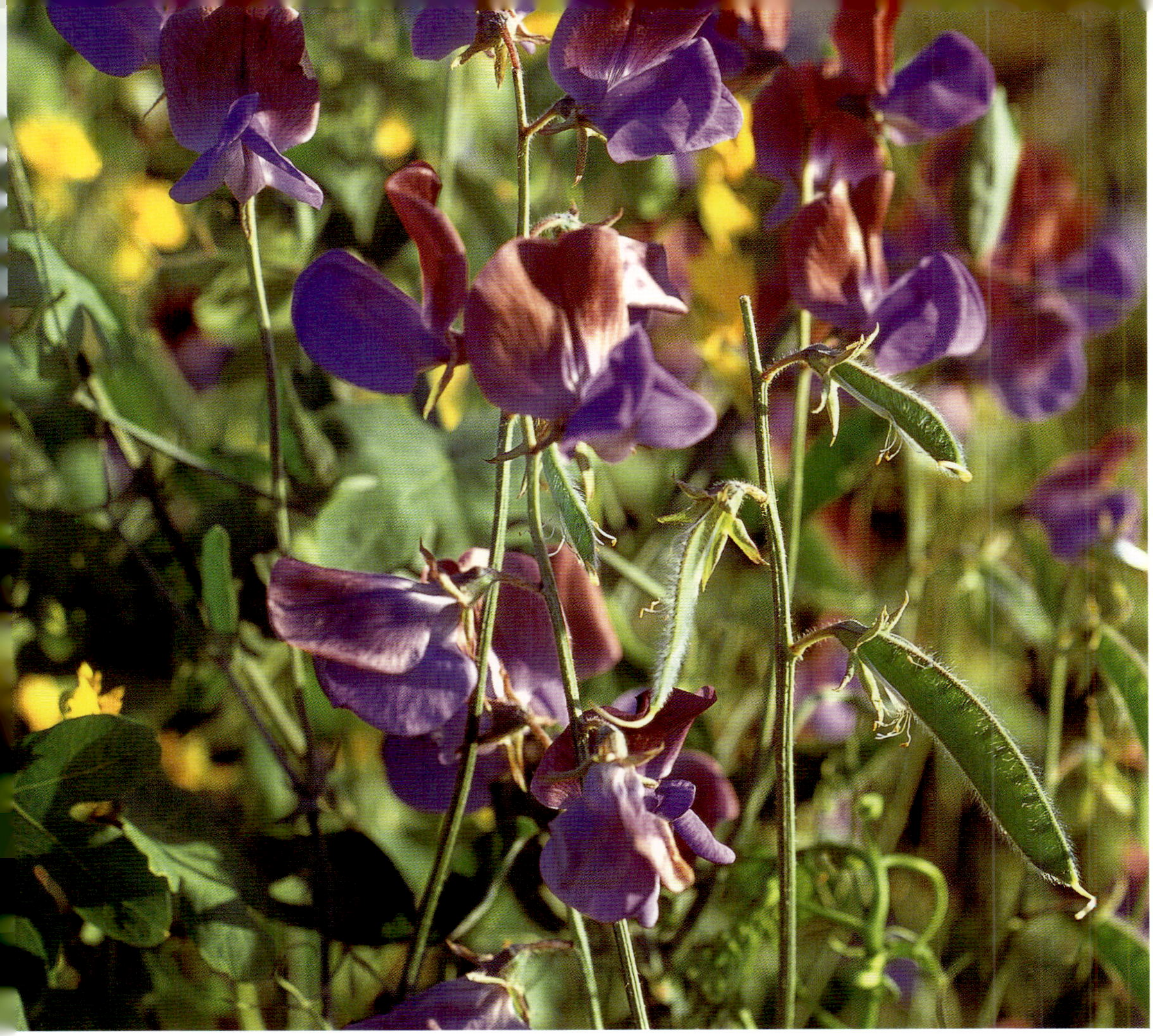

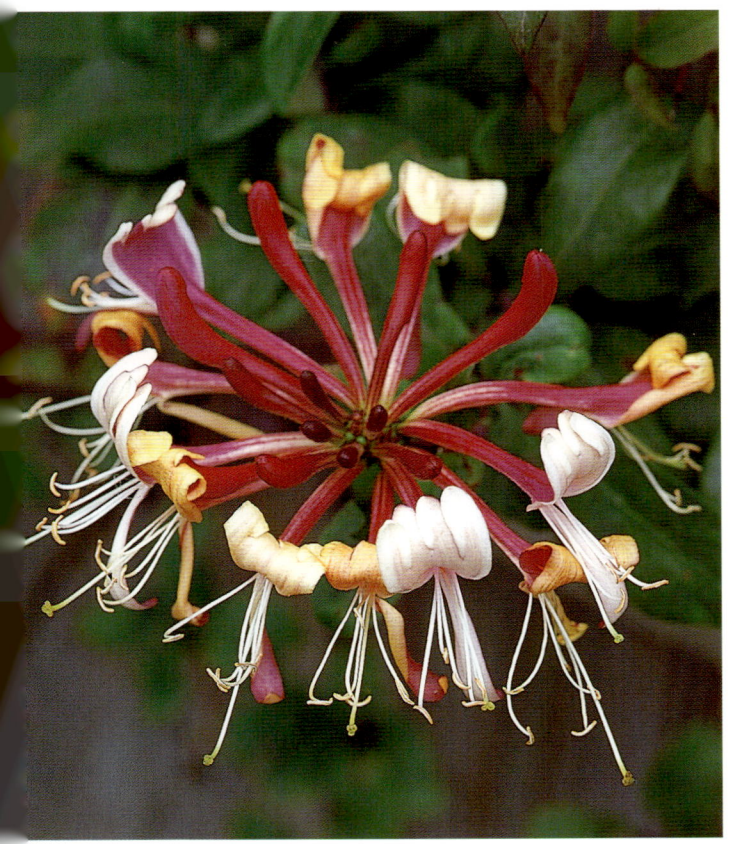

Wohlriechende Wicke *(Lathyrus odoratus)*

Waldgeißblatt *(Lonicera periclymenum)*

TIPP DES GÄRTNERS

Duftpflanzen

Manche Pflanzen verfügen über einen unübertroffenen Duft – Maiglöckchen haben seit dem Mittelalter ihren Platz in duftenden Gärten, ebenso der winterharte Jasmin, der Mitte des 16. Jahrhunderts in Europa eingeführt wurde. Züchter bringen zwar größere und leuchtendere Blüten sowie kräftigere Triebe hervor, aber die Düfte ihrer neuen Blumen können kaum mit diesen Klassikern konkurrieren.

Schnittblumen

Ein Gartenbereich sollte Schnittblumen vorbehalten sein. Zieht man sie in eigenen Beeten, beeinträchtigt ihr Schnitt nicht die übrigen Pflanzungen, in denen Lücken sofort auffallen. Der hintere Rand des Beetes muss gut zugänglich sein, damit keine Pflanzen niedergetreten werden.

Im Frühling sind die wichtigsten Pflanzen Seidelbast (*Daphne*), Forsythie, Efeu (*Hedera*), Flieder (*Syringa*), Päonie, Tulpe (*Tulipa*) und Glyzine (*Wisteria*), im Sommer sind es Frauenmantel (*Alchemilla*), Lilie (*Lilium*), Fackellilie (*Kniphofia*), Rose, Salbei (*Salvia*) und Gemüseartischocke (*Cynara cardunculus*). Für den Herbst kommen Dahlie und Fetthenne (*Sedum*, und für den Winter Mahonie, Schneeball (*Viburnum*) und Christrose (*Helleborus niger*) in Betracht.

Die Qualität von Sträußen hängt davon ab, wie die Schnittblumen behandelt werden. Damit die Stiele möglichst viel Wasser aufnehmen, sollte man sie leicht drücken und so lange in einen Kübel mit Wasser stellen, bis man mit den

EIN SOMMERKORB

OBEN: *Die Rosen-Sorten 'Gloire de Dijon' und 'Céleste' bilden zusammen mit Mahonie, Kreuzkraut* (Senecio) *und Pelargonien ein sommerliches Arrangement.*

BLICKFANG IN PASTELLFARBEN

RECHTS: *Eine zarte Kombination aus intensiv duftenden Wohlriechenden Wicken* (Lathyrus odoratus), *Rosen, Skabiosen* (Scabiosa) *und Gartenrittersporn* (Consolida ajacis).

SCHNITTBLUMEN IM GARTEN

GEGENÜBER: *Tulpen ergeben einen hübschen Frühlingsstrauß. Hier wachsen sie in einer gemischten Rabatte zusammen mit Vergissmeinnicht* (Myosotis), *rosaroten Maßliebchen* (Bellis) *und üppigem Goldlack* (Cheiranthus).

BLUMENGÄRTEN

Binden anfängt. Ein hübscher Strauß weist einen bestimmten Aspekt auf: Entweder ist er in einer Farbe gehalten, oder er wirkt schlicht und elegant beziehungsweise auffällig. Für Letzteres wählt man eine charakteristische Blume. Man hält sie leicht schief und fügt rundherum weitere Blumen hinzu. Mit etwas Glück lenken am Ende alle Pflanzen den Blick zur Mitte. Der Strauß darf nicht zu viele Blumen umfassen und in ein Gefäß gezwängt werden. Jede Blume sollte so weit wie möglich für sich wirken können. Die Stiele müssen immer im Wasser stehen, das regelmäßig ausgetauscht wird. Damit sie senkrecht stehen, kann man sie in Feuchtsteckmasse befestigen. In keinem Strauß sollten Grünpflanzen fehlen, denn sie verbinden die einzelnen Blumen miteinander.

GLÄNZENDE BLÄTTER
RECHTS: Die glänzenden Blätter der Orangenblume (Choisya) *mit fruchtbehangenen Zweigen der Zimmeraralie* (Fatsia japonica), *Gartenstiefmütterchen und Ranunkeln.*

EIN SOMMERSTRAUSS
OBEN: Lilien, Akeleien, Rosen, Ringelblumen und Päonien.

Anemone
Anemone pavonina

EIN FRÜHLINGSBOUQUET
OBEN: Ein Strauß aus dem Garten mit Lilien, Lichtnelken, Rittersporn und Zierlauch.

TULPEN MIT RAFFIA
OBEN: Es müssen nicht immer verschiedene Blumen sein – ein Strauß aus roten Papagei-Tulpen ist sehr effektvoll.

Rittersporn Delphinium-
Belladonna-Hybride

BLUMEN IM GARTENHAUS
OBEN: *Ein heller Raum mit
guter Belüftung eignet
sich gut zum Aufbewahren
von Schnittblumen für
Blumensträuße.*

FESTE KRONBLÄTTER
RECHTS: *Rote Lilie,
blaue Schwertlilie und
hellgelber Prärieenzian
(Eustoma) bilden ein
stilvolles Arrangement.*

BUTTERBLUMEN
OBEN: *Butterblumen* (Ranunculus acris) *aus einem Wildblumengarten ergeben einen hübschen und heiteren Anblick.*

Wasser-gärten

Wasserelemente sind stets reizvoll und ver-leihen einem Garten eine besondere Note, selbst im Winter, wenn das Eis auf dem Teich das Licht widerspiegelt. Egal, wie klein der Garten ist – ein Wasserelement findet immer Platz.

EIN VOLLENDETER WASSERGARTEN
Die Sumpfdotterblume (oben) *ist die erste blühende Ufer-pflanze. Für naturnahe Teiche* (links), *die von großen Blatt-und Blütenpflanzen umgeben sind, ist sie unentbehrlich.*

DAS OKTAGON

OBEN: *Das achteckige Becken ist von üppig bepflanzten Beeten umgeben, die von gepflasterten Wegen gesäumt sind. Die herrlich blühende Schwertlilien-Art* Iris versicolor *wächst im Wasser.*

Formale Wasseranlagen

Formal gestaltete Wasserbecken sind ein wesentlicher Bestandteil der Gartenstruktur. We sie in vollendeter Form sehen möchte, sollte die klassischen Gärten der Renaissance besu chen, in denen Wasser auf zwei Arten eingesetzt wird: Zum einen als ausdrucksstarkes stati sches Element, das die Funktion eines großen Spiegels hat. In ihm spiegeln sich Himmel un Wolken, aber auch umliegende Gebäude, wie etwa bezaubernde Pavillons aus Schmiede eisen. Zum anderen wird fließendes Wasser benutzt, um einen spektakulären Blickfang z gestalten, entweder als mehrere Meter hohe Fontänen oder als kaskadenförmiger Lauf, de aus dem Wasser ragende Statuen flankieren. Beide Möglichkeiten stehen Ihnen zur Verfi gung, um den eigenen Wassergarten zu gestalten. Man sollte jedoch drei Dinge mit berücl sichtigen, damit der gewünschte Effekt entsteht. Verwenden Sie in geometrischen Muster verlegte Ziegel oder Steinplatten für die Einfassung und die angrenzenden Bereiche. Zude muss die Größe des Beckens mit den umliegenden Proportionen harmonieren. Und schlie

SYMMETRISCHE ANLAGE

OBEN: *Dieser Garten in San Francisco, Kalifornien, wurde symmetrisch angelegt. Die elegant wirkende Wasseranlage, in der sich Teile des Gartens spiegeln, stellt einen Blickfang der Umgebung dar.*

SPANISCHE AKZENTE

LINKS: *Kleine, aber imposante Springbrunnen bilden den Höhepunkt dieses gekachelten Gartens mit maurischem Einfluss.*

ERHÖHTES WASSERBECKEN

RECHTS: Die Ziegelmauern dieses erhöhten, formal gestalteten Beckens erscheinen durch Immergrüne weicher, die das ganze Jahr für einen schönen Anblick sorgen.

GESPIEGELTE FORMEN

GEGENÜBER: Das klassische rechteckige Wasserbecken wiederholt die Form der nahen Eibenhecke. Die rund formierten Koniferen und hohen Blütenstände lenken den Blick nach oben.

Weiße Seerose
(Nymphaea alba)

lich sollten neben einer Fontäne oder Statue auch einige Pflanzen der Anlage Noblesse verleihen. Architektonisch wirkende Pflanzen wie Fuchsien-Hochstämme oder formierter Buchsbaum *(Buxus)*, die an den Ecken platziert sind, lassen ein langes, schmales Becken stilvoll erscheinen. Mehrere gleich bepflanzte Töpfe mit Patio-Rosen, Strauchmargeriten *(Argyranthemum frutescens)* oder Petunien um ein Becken haben denselben Effekt.

Wer ein formal gestaltetes Wasserelement möchte, das nicht zu streng wirkt, sollte etwas hinzufügen, das das Auge etwas ablenkt. Zum Beispiel kann man die Fugen der umliegenden Pflasterfläche mit der hübschen Berufkraut-Art *Erigeron karvinskianus* füllen. Die kleinen Korbblüten der ausladenden Pflanze öffnen sich in Weiß, färben sich dann rosa- und violettrot und bilden so einen dreifarbigen Teppich. Gräser und Bambus-Arten sorgen mit ihren schmalen Blättern für Höhe und interessante Kontraste. Auch Stechapfel-Arten *(Datura)* mit ihren trompetenförmigen, duftenden Blüten eignen sich in Pflanzgefäßen für diesen Zweck. Wasserbecken in L-Formen, die ineinander übergehen, oder im Kreis angelegte Bachläufe fallen durch ihre ungewöhnliche Gestalt auf. Obwohl das Wasserelement der Anziehungspunkt bleibt, beeinflusst es auch die Umgebung.

NATÜRLICHE FORMEN

*RECHTS: Unregelmäßige
natürliche Formen sind ideal
für naturnahe Teiche. Dieser
ist von Pflanzen für waldähnliche Umgebungen
gesäumt, um Vögel und
Insekten anzulocken. Die
rosaroten und violettroten
Etagenprimel sowie
die dunklen Blätter von
Ligularia sorgen für Farbe.*

AUSSICHT VON DER BRÜCKE

*GEGENÜBER: Ein breiter
Teich erfordert eine Brücke.
Sie dient nicht nur dem
Überqueren, sondern von
ihr aus kann man auch
gut Frösche, Wassermolche
und Insekten beobachten.*

Naturnahe Teiche

Ein naturnah gestalteter Teich mit vielen Uferpflanzen stellt nicht nur eine ruhige Oase dar, sondern zieht auch unterschiedliche Tiere an. Naturnahe Teiche sind sehr einfach und fast überall anzulegen.

Im Fachhandel sind Teiche aus Fiberglas erhältlich, doch es macht mehr Spaß, ihn selbst zu bauen. Zuerst muss ein Grundriss der Fläche angefertigt werden. Ob eine Bananenform vor einem Zaun oder mehrere runde Teiche, die durch Bäche verbunden sind – jede Form ist möglich. Der Platz sollte frei von überhängenden Zweigen sein, damit keine Blätter ins Wasser fallen, und in der Sonne liegen – ein Teich benötigt mindestens acht Stunden Sonne pro Tag. Damit ein ausgeglichenes Ökosystem entsteht, sollte die Fläche nicht kleiner als 3,70 qm sein. Auf einen breiten inneren Rand kann man Uferpflanzen stellen, und ein abschüssiges Kiesufer erleichtert Tieren den Zugang.

Als Alternative zu einem Teich aus Beton bietet sich Teichfolie an. Kaufen Sie die beste Qualität, die Ihr Budget

Bachminze
(*Mentha aquatica*)

erlaubt, da sie am haltbarsten ist. Der Boden muss zuerst mit einer Gabel von Steinen und spitzen Gegenständen befreit werden. Unter die Teichfolie legt man eine dicke Schutzschicht aus alten Teppichen, Zeitschriften oder Tragtaschen aus. Nachdem die Teichfolie am Platz ist, wird langsam Wasser eingefüllt. Ist der richtige Wasserspiegel erreicht, beschwert man die überstehende Teichfolie mit großen Steinen. Wasser- und Uferpflanzen integrieren den Teich im Garten.

SUMPFGÄRTEN

UNTEN: Mithilfe von Teichfolie entsteht neben dem Teich ein Sumpfgarten, wo Farne, Funkien und Astilben gedeihen.

WASSERFÄLLE

UNTEN RECHTS: Eine Wasserpumpe bewirkt hier, dass das Wasser fließt.

Bepflanzung eines Teiches

Setzen Sie im Frühling Wasserpflanzen in den Teich. Sie stehen am besten auf einem Rand im Wasser, da es schwierig sein kann, sie auf dem Grund zu platzieren. Dazu knüpft man eine lange Schnur an eine Seite des Korbes, schlingt sie dann um ihn herum und befestigt sie an der anderen Seite erneut. Eine andere Person am gegenüberliegenden Ufer nimmt das lose Schnurende. Auf diese Weise lässt man den Korb ins Wasser.

1 *Einen speziellen Kunststoffkorb für Wasserpflanzen mit Rupfen auskleiden, damit die Erde nicht ausgeschwemmt wird.*

2 *Den ausgekleideten Korb halb mit Erde füllen. Dann die Pflanze einsetzen und den Korb mit Erde auffüllen; dabei die Erde gut festdrücken.*

3 *Eine Abdeckschicht aus kleinen Steinen und Kiesel darauf geben – sie beschweren die Pflanze und verhindern, dass Fische sie aus der Erde lösen.*

Sumpfdotterblume
(*Caltha palustris*)

Die Arrangements aus Was-
serpflanzen ergänzen
den naturnahen Stil der
Gartenanlage.

Seerose *Nymphaea*
'Sunrise'

Kleiner Rohrkolben (*Typha minima*)

Ierzförmiges Hechtkraut (*Pontederia cordata*)

TIPP DES GÄRTNERS

Teichpflanzen

Ein Teich braucht zwei Gruppen von Pflanzen: Sauerstoff bildende Pflanzen, die das Wasser sauber halten und der Algenbildung entgegenwirken, und Schwimmpflanzen wie Seerosen, die ebenfalls Algen bekämpfen. Sie dürfen jedoch nicht zu viel der Wasserfläche einnehmen. Uferpflanzen fügen Blüten hinzu und bieten Tieren Unterschlupf.

WASSERGÄRTEN

ERHÖHT LIEGENDER GARTEN

RECHTS: *Ein erhöht liegender Gartenbereich erhält durch ein Wasserelement
wie diesen Wandbrunnen mit Becken
zusätzlichen Reiz.* Schildblatt Darmera
peltata *rahmt den Blickfang ein.*

MOSAIKBECKEN

OBEN: *Das kunstvoll gestaltete Mosaikbecken ist von einer kobaltblauen
Wand umgeben. In den verspiegelten
Fensterrahmen reflektieren sich die
umliegenden Pflanzen.*

362

Kleine Wasserelemente

Wer nicht genügend Platz für ein großes Wasserbecken oder einen Teich hat, kann auf kleinformatige Alternativen zurückgreifen – zudem sind sie für Kinder sicherer. Wandbrunnen sehen nicht nur schön aus, sie bieten auch beruhigendes Plätschern. Klassische Formen wie etwa Löwen- oder Neptunköpfe sind im Fachhandel als Baukästen erhältlich: Aus einem Schmuckbassin am Fuße der Wand, an dem der Brunnen befestigt ist, wird das Wasser zurückgepumpt, um aus dem Mund wieder auszutreten. Ein zickzackförmiger Wandbrunnen aus transparenten Kunststoffrohren, durch die gefärbtes Wasser fließt, ergibt einen äußerst modernen Effekt, besonders wenn der Brunnen nachts beleuchtet wird.

Wasserelemente aus Mühlsteinen und Kieseln sind einfach herzustellen und wirken natürlich. Sie bestehen aus einem Arrangement mit großen, glatten farbigen Steinen, unter denen eine Pumpe installiert ist, die das Wasser aufsteigen lässt; das Wasser sammelt sich in einem Behälter, aus dem es hochgepumpt wird. Ein solches Wasserelement kann auch mit bunten Plastikbällen, gefärbtem Glas oder Tonscherben errichtet werden. Eine gepflasterte Fläche, die mit kleinen Kieselspringbrunnen umrundet ist, wirkt großzügig und beeindruckend.

SPRINGBRUNNEN

LINKS: Eine Statue oder Spindel mit Sockel war der Ideengeber für dieses Wasserelement – aus dieser Spindel wurde ein eleganter Springbrunnen.

Phantasievolle Wasserelemente werden immer beliebter. Ein halber Quadratmeter genügt für ein flaches, rechteckiges Becken, das beispielsweise im Schachbrettmuster mit Ziegelsteinen ausgelegt ist. Es bietet Fröschen eine Heimat und sieht von hoch liegenden Fenstern hübsch aus. Zudem stellt die Größe kein Hindernis dar, wenn man durch den Garten geht. Lange, schmale, rechteckige Becken eignen sich auch gut dazu, den Garten in verschiedene Bereiche aufzuteilen.

Egal, wie groß Ihr Garten ist – ein Wasserelement verschönert ihn mit seinem beruhigenden Geräusch und faszinierenden Anblick.

Bau eines Springbrunnens

Ein solcher Springbrunnen ist schnell und einfach in jeder gewünschten Größe zu bauen. Die grundlegenden Schritte sind unten erklärt, der Stil lässt sich jedoch beliebig abändern. Der äußere Rand kann mit farbigen Ziegeln oder in Beton eingelassenen Kieseln verziert werden. Selbst Spiegelstücke, die man so verlegt, dass sie das Licht von allen Seiten reflektieren, eignen sich hierfür; es dürfen nur keine gefährlichen scharfen Kanten entstehen.

1 *Ein Loch ausheben, das etwas größer als nötig ist. Zum Schutz mit altem Teppich auskleiden. Die Beckenform einsetzen. Darauf achten, dass sie eben steht.*

2 *Die Pumpe in die Mitte der Form geben. Mit Ziegel befestigen, dass sie nicht verrutschen kann. Die Pumpe an die Wasserversorgung anschließen.*

3 *Über der Pumpe glatte Kiesel, dekorative Muscheln oder bunte Murmeln arrangieren. Die Form mit Wasser füllen und die Pumpe in Gang setzen.*

STEINE UND WASSER

LINKS: Ein alter Mühlstein mit Kieseln, der von einer gepflasterten Fläche umgeben wird, passt gut in einen Küchengarten. Für Kinder stellt er keine Gefahr dar.

WASSERBOTTICH

GEGENÜBER: Dieses Wasserelement aus einem Bottich ist preiswert und bietet einen hübschen Blickfang. Es ist mit Herzförmigem Hechtkraut (Pontederia cordata), Bachnelkenwurz (Geum rivale) und panachiertem Kalmus Acorus gramineus bepflanzt.

WANDBRUNNEN

RECHTS: Ein Keramikfisch speit Wasser in ein Becken mit Strandkiesel.

EIN WEISSES UFER

OBEN: *Der Aronstab* (Arum) *kann bis zu 30 cm tief im Wasser stehen.*

TAGLILIEN

OBEN: *Die Taglilie* Hemerocallis 'Stella de Oro' *gedeiht an sumpfigen Plätzen, wo sie vom Frühling bis zum Spätsommer blüht.*

Pflanzungen für Teichufer

Ein hinter hohen Pflanzen versteckt liegender Teich stellt ein beeindruckendes Gartenelement dar – der Trichterschwertel *Dierama pulcherrimum* eignet sich hierfür besonders gut. Kaum zu glauben, dass sich aus der kleinen Knolle 1,20 m hohe gebogene Triebe mit herrlich rotvioletten Blüten entwickeln.

Für das Ufer benötigt man Wasser liebende Pflanzen, denn Wurzeln und Basis befinden sich unter Wasser. Die Gelbe Scheinkalla (*Lysichiton americanus*) gedeiht in Schlammboden und entwickelt zu Beginn des Frühlings einen Blütenkolben, der halb von einer gelben Blütenscheide umgeben ist. Bei saurem, torfhaltigem Boden eignet sich *Eriophorum angustifolium*; seine Blüten, die im Sommer erscheinen, erinnern an die weißen Büschel der Baumwolle. Violettblaue Schwertlilien (*Iris*), Binse (*Juncus*) und Rohrkolben (*Typha*) passen ebenfalls in eine solche Umgebung. Selbst das Blumenrohr *Canna glauca* mit seinen 40 cm langen Blättern und hellgelben Blüten wächst im Sommer im Wasser; über den Winter muss es jedoch trocken gehalten werden. Im entfernten Sumpfgarten gedeihen Rhabarber (*Rheum*), Schaublatt (*Rodgersia*), Primeln und das weiß gestreifte Chinaschilf *Miscanthus sinensis* 'Zebrinus'.

NATURBELASSEN

LINKS: Schwertlilien vermehren sich rasch unter den richtigen Wachstumsbedingungen und bilden wunderschöne, elegante Gruppen. Das Schaublatt ist ein würdiger, ebenfalls starkwüchsiger Nachbar.

ÜBERBRÜCKUNG

GEGENÜBER: Diese von Aronstab (Arum) *umgebene Brücke führt in einen anderen Gartenbereich.*

Bestechend weiße Schwert-
lilien *(Iris)* und Frauenmantel *(Alchemilla)* ergeben
eine interessante Uferbe-
pflanzung.

Sumpfschwertlilie
(Iris pseudacorus)

Wasser-schwertlilien

Ist am Teichufer nur Platz für eine Pflanze, dann sollte er einer Schwertlilie vorbehalten sein. Sie besitzt eine hohe, schmale Form und wunderschöne Blüten, die oft noch eine Zeichnung aufweisen. Empfehlenswert sind blaue *Iris laevigata,* gelbe *I. pseudacorus,* violettrote *I. ensata* sowie violettblaue *I. versicolor.* Auch viele bartlose Schwertlilien, wie etwa die dunkelviolettblaue *I. delavayi,* sehen in Gruppen am Ufer gut aus.

Schwertlilie *Iris* 'Sapphire Star'

Japaniris (*Iris ensata* Higo-Hybride)

Schwertlilie *Iris pseudacorus* x *versicolor*

369

Trocken-gärten

Trockene Bereiche lassen sich einfach in hübsche Gärten verwandeln, die nur wenig Arbeit verursachen. Ob ein minimalistischer Garten oder ein Wüsten-, Stein- oder Kiesgarten – man kann aus verschiedenen Gestaltungsthemen wählen, um eine kühle und schattige Oase zu schaffen.

IM WILDWESTSTIL
Die skulpturhaften Kakteen (links) *in dem Garten in Santa Barbara, Kalifornien, wirken sehr imponierend. Der Feigenkaktus* (oben) *besticht durch seine Form.*

TROCKENGÄRTEN

BLÜHENDE PALMLILIEN
RECHTS: Palmlilien (Yucca)
bilden prächtige Blickfänge.
Am beeindruckendsten wir-
ken sie in großen Gruppen.

VERZAUBERTER GARTEN
UNTEN: *Lotusland in Süd-*
kalifornien weist eine Viel-
zahl von herrlichen Pflanzen
auf – etwa diese auffallende
Kombination aus Kakteen
und Ananasgewächsen.

Wüstengärten

Ein Wüstengarten entsteht dort, wo Wasser rar ist. Viele Pflanzen bevorzugen solche Bedingungen, darunter außergewöhnlich architektonisch wirkende, nach denen sich Gartengestalter in kühlen Regionen förmlich sehnen – die Palmlilie *Yucca whipplei* aus dem Nordwesten Mexikos zählt zu ihnen. Sie bildet dichte Rosetten aus graublauen spitzen Blättern und 3 m hohe Blütenstände mit hunderten lilienähnlichen Blüten. Nach der Blüte geht sie jedoch ein. Der Saguaro-Kaktus *(Carnegiea gigantea)* entwickelt in freier Natur einen bis zu 18 m hohen Hauptstamm, aber er wächst so langsam, dass er keine Gefahr für den übrigen Garten darstellt. Das Ewigblatt *(Aeonium)* wirkt nicht so imposant. Es erreicht 1,80 m Höhe und trägt Blattrosetten an langen, dünnen Trieben. Als Blickfang eignet sich die violettschwarze Sorte *Aeonium arboreum* 'Zwartkop'; sie ist auch eine schöne Topfpflanze. Sukkulenten gibt es in allen Formen und Größen. Viele bilden 60 cm hohe Blütenstände mit kleinen, leuchtenden Blüten, wie etwa die Echeverien. Sie sind unverzichtbar, will man ein trockenes Gebiet in einen schön gestalteten Garten verwandeln.

AUSSERGEWÖHNLICHE AGAVEN
UNTEN: *In diesem subtropischen Garten gedeihen zwischen Felsen große Agaven in der flirrenden Sonne.*

SUKKULENTE VIELFALT

LINKS: *Echeverien verleiten*
zum Sammeln. Ihre oliv-
grauen Rosetten passen in
jeden Garten, vorausgesetzt,
er weist trockene Wachs-
tumsbedingungen auf. Eche-
verien eignen sich sogar
als Einfassung von Blumen-
rabatten.

Steingärten

Mit Steingartenpflanzen kann man einen Miniaturgarten anlegen – eine Welt im Kleinen, in der alles einem reduzierten Maßstab entspricht. Die Gestaltung eines Steingartens macht besonders viel Freude, denn man kann beobachten, wie kleine Pflanzen winzige, wunderschöne Blüten und erstaunlich auffallende Blickfänge bilden.

Sie können die Größe des Steingartens beliebig festlegen. Er lässt sich aus kleinen, am Boden stehenden Töpfen bilden oder stufenförmig in einem Gewächshaus anlegen, was die Arbeit an den Pflanzen sehr erleichtert. Ein gut drainiertes Hochbeet stellt einen Kompromiss dar. Wo keine durchlässige Erde zur Verfügung steht, fügt man eine Kiesschicht hinzu – das Wasser läuft nicht nur schneller ab, die Erde hält auch die Wärme besser.

STOLZE HALTUNG
OBEN: *Eine Gruppe Grasnelken* (Armeria) *verschönert die meisten Pflanzungen.*

STEINGARTENTROG
RECHTS: *Der Storchschnabel* Geranium subcaulescens *bildet einen Blickfang.*

Bepflanzung eines Steingartens

Der Spätsommer oder Frühherbst ist die beste Jahreszeit, einen Steingarten anzulegen. In Regionen mit nassem, kaltem Winter wartet man bis zum Frühling, wenn sich die Erde erwärmt, denn Steingartenpflanzen vertragen keine Nässe und junge Pflanzen lassen sich unter schlechten Bedingungen nur schwer etablieren. Sind die Gewächse in hohen Lagen heimisch, mögen sie zwar Kälte, benötigen jedoch eine gute Drainage.

1 *Loch graben, das etwas größer ist als der Wurzelballen. Grund lockern, damit die Wurzeln sich ausbreiten können und die Drainage erhöht wird. Die Erde sollte sandig sein.*

2 *Pflanze einsetzen; Erde wässern, falls sie trocken ist. Die Erdoberfläche muss auf gleicher Höhe mit der Umgebung sein. Erde hinzufügen, festdrücken, wässern, Kies verteilen.*

Steinsame *Lithodora diffusa*
'Cambridge Blue'

Palmlilie *Yucca gloriosa*

Elfenbeindistel (*Eryngium giganteum*)

Hauswurz-Arten (*Sempervivum*)

TIPP DES GÄRTNERS

Pflanzen für trockene Plätze

Es gibt eine erstaunlich große Auswahl an Pflanzen für trockene Regionen, darunter viele mediterrane Arten. Sie sind in Spezialkatalogen aufgeführt und meist überall erhältlich. Lauch, Krokus, Edeldistel, Wolfsmilch, Strauchveronika, Schwertlilie, Salbei, Lorbeer und Thymian zählen zu ihnen. Knoblauch ist ebenfalls leicht zu ziehen. Trennen Sie Zehen ab und pflanzen Sie sie im Winter aus – im nächsten Sommer sind sie saftig, dick und reif.

Steinbrech *Saxifraga* x *apiculata*

Schatten und Trockenheit

Ein schattiger, oft von Arkaden gesäumter Garten in einer warmen Region strahlt Ruhe und Gelassenheit aus. Seine Wurzeln liegen in der islamischen Gartenbaukunst, die verblüffend aufwendig gestaltete Gärten hinter hohen Schutzmauern und riesig anmutenden Toren hervorgebracht hat. Beherrschende Elemente sind verzierte Kacheln, Bogengänge, Wasserelemente und Obstbäume; Gras fehlt vollständig. Viele Gartengestaltungen bezogen sich auf diesen Stil, selbst wenn sie einige Variationen hinzufügten. Auch Ihr Garten lässt sich durch einige charakteristische Elemente in eine erfrischende Oase verwandeln, in der man Schutz vor stechender Sonne findet – vielleicht unter einer eleganten Palme.

Mit frostsicheren Wandkacheln und Bogenpergolen entstehen Patios, die nur noch ein oder zwei Elemente benötigen, etwa eine Schatten liebende Blattpflanze in einem Gefäß. Wasserspiele bilden den Höhepunkt einer solchen Oase: Ein Wandbrunnen oder ein Becken, das mit Palmen umgeben ist, ist sehr effektvoll. Diese Gestaltung lässt sich auch in einem moderneren Stil verwirklichen, sodass sie mit der minimalistischen Architektur unserer Tage harmoniert.

GESTALTUNG IM RECHTEN WINKEL
LINKS: Der minimalistische Stil dieses Gartens in Los Angeles, Kalifornien, spiegelt die Architektur wider und bietet einen kühlen Rückzugsort.

GESTALTUNG MIT BLÜTEN
OBEN: Dieser Patio im maurischen Stil bietet Schatten, Muster und Formen, bedacht platzierte Pflanzen und vor allem Abgeschiedenheit.

IM JAPANISCHEN STIL
OBEN: *Dieser Kiesgarten mit unregelmäßig arrangierten Moosflecken umfasst Elemente, wie sie in japanischen Gartenanlagen zu finden sind.*

SCHLICHT, ABER SCHÖN
RECHTS: *Dieser Garten eines Künstlers auf Long Island ist betont schlicht. Die Kiesfläche schafft eine optische Verbindung zwischen den einzelnen Elementen.*

EINE NASE FÜR WASSER

LINKS: *Ein Trockengarten muss weder Wasser noch Blattpflanzen entbehren. Die bedachtsam platzierten Eiben* (Taxus) *sorgen für kühles Grün, während im Wasserbecken Aronstab* (Arum) *und Schwertlilien* (Iris) *gedeihen.*

MOSAIKEN

UNTEN: *Dieses mit Mosaik verzierte Vogelbad fügt einem Kiesgarten ein erfrischendes Element hinzu. Das Muster spiegelt sich in den Kacheln auf dem Weg und der Einfassung wider.*

Kiesgärten

Gärten mit Kies- oder Steinflächen benötigen so gut wie keine Pflege und wirken dennoch ungewöhnlich und interessant. Die glatte Fläche kann durch Felsen oder Inselbeete, die von allen Seiten schön anzusehen sind, unterbrochen werden. Geeignete Pflanzen sind schmale, hohe Koniferen aus dem Mittelmeerraum, Rosmarin *(Rosmarinus),* Mohn *(Papaver),* hohe Gräser wie das Riesenfedergras *(Stipa gigantea),* das ,80 m erreicht, sowie die niedrige Männergerste *(Hordeum jubatum)* mit ihren seidigen weißen Federn, die zum Ende hin violettrot auslaufen. Da Objekte in dieser Umgebung immer künstlich wirken, kann man jedes verwenden, ob Kreise aus farbigen Stangen, Spiegel, die von Ästen hängen, oder gefärbtes Glas, das die Sonne reflektiert. Kiesgärten leben geradezu von künstlichen Effekten und heben alles hervor, was sich in ihnen befindet.

Japanische Gärten

Japanische Gärten sind nicht nur kunstvoll angelegt, ihnen liegt auch eine philosophische Theorie zugrunde. Darüber hinaus stellen sie im Kleinen japanische Landschaften dar. Wer einen original japanischen Garten gestalten möchte, in dem *yo* und *in*, *yin* und *yang* ausgeglichen vorhanden sind, benötigt spezielle Literatur. Diejenigen, die diesen Stil und seine Schlichtheit im bereits existierenden Garten einführen wollen, können auf einige charakteristische Elemente zurückgreifen.

Aussichten sind ein Hauptkriterium. Pflanzen Sie so viele Sträucher und Bäume, wie Sie möchten, aber nicht in dichten Blöcken, durch die man nicht sehen kann. Ein Aussichtspunkt entsteht durch einen kleinen, etwa 1,20 m hohen Hügel aus aufgeschütteter Erde, der an der Gartengrenze errichtet und mit einer einfachen Bambushütte versehen wird. Von dort aus lässt sich der gesamte Garten hervorragend betrachten.

BASIS JAPANISCHER GÄRTEN

LINKS: Die Ingredienzien des klassischen japanischen Gartens sind Bäume mit offener Krone, Bambus, eine niedrige, dichte Bepflanzung, Statuen und ein Pfad.

FARBTUPFEN

OBEN: Eine Brücke darf in keinem japanischen Garten fehlen – und sei es eine noch so kleine über ein Rinnsal. Sie kann beliebig bunt sein.

385

GLATTE BAMBUSSTÄMME

*RECHTS: Hohe Bambus-
stämme sorgen für eine
optimale Durchsicht.*

STILLE WASSER

*LINKS: Die elegante Ecke
dieses japanischen Gartens
umfasst einen Bambuszaun,
Trittsteine, Alpenrosen,
Koniferen und Farne.*

Der Schnitt ist von großer Bedeutung. Entweder gestaltet man ein Gerüst aus Ästen, indem man kleinere Zweige herausschneidet, oder man formt so genannte Wolken. Dabei werden die Äste bis auf die Spitzen entlaubt, an denen dann wolkenförmige Blattgebilde in den Himmel ragen. Zierkirschen und Bambus sind typisch für japanische Gärten sowie die Lawsonzypresse *(Chamaecyparis lawsoniana)*, formiert zu sechs nackten Ästen, auf denen Nadelbüschel sitzen. Asiatische Statuen, Steinbrücken, Laternen und Zierwege geben einem japanischen Garten den letzten Schliff.

TOPFGARTEN

*OBEN: Auch kleine Topfgär-
ten können im japanischen
Stil arrangiert werden.
Fargesia murieliae 'Simba'
gedeiht in einem Pflanz-
gefäß mit dekorativem
Drachendekor.*

DER ZEN-GARTEN

*RECHTS: Hauptelemente sind
geharkter Sand, Kieselsteine
und behutsam platzierte Felsen. Hier wurde die Sand-
fläche mit großen Steinen
und hohlen Bambusstücken
eingefasst.*

Wald- und Wildgärten

Man muss keinen großen Grund besitzen, um einen Waldgarten oder eine Wildblumenwiese anlegen zu können. Selbst kleine Flächen weisen meist einige Stellen auf, an denen es feucht und schattig ist, oder freie Hänge, an denen Pflanzen mit farbenprächtigen Blüten gedeihen.

IM NATURNAHEN STIL
Wildblumenwiesen (links) *bieten einen perfekten Weg zurück zur Natur. Pflanzen wie Klatschmohn* (oben) *lockt viele Tiere an.*

Unter Bäumen

Ein kühler, schattiger Waldgarten mit einem Teppich aus Zwiebelblumen und Schatten liebenden Stauden stellt sowohl für seine Besitzer als auch für die angelockten Tiere eine Wohl-
tat dar. Viele Pflanzen gedeihen an feuchten, schattigen Plätzen, vor allem, wenn hin und wieder die Sonne durchdringt. Mit ihnen lässt sich ein Waldgarten en miniature anlegen, in dem
unter Bäumen farbenprächtige Blüten leuchten. Schattige Orte, die zudem trockenen Boden
aufweisen, sind nicht ganz so einfach zu beleben. Versuchen Sie es mit Aronstab *(Arum)*, Efeu
(Hedera) und Immergrün *(Vinca)* und verteilen Sie Laubkompost als dicke Mulchdecke, um
jegliche Feuchtigkeit zu bewahren.

Bei der Auswahl von Bäumen greift man am besten auf heimische Arten zurück. Doch da
in den meisten Gärten eingeführte Bäume gedeihen, kann man auch Zierkirschen, Ahorne
und Eukalyptus in Betracht ziehen. Je offener die Kronen sind, desto mehr Licht lassen sie
durch, was den Pflanzen unter ihnen zugute kommt. Von dichten Kronen überschattete

FRÜHLING IM WALDGARTEN
UNTEN: Kissenprimeln
(Primula vulgaris) *sorgen*
im Schatten für Farbe.

GEHÖLZE IM SCHATTEN
LINKS: Im Frühling leuchten
die Blüten der Alpenrosen,
die im kühlen Schatten eines
Waldgartens gut gedeihen –
vorausgesetzt, der Boden ist
sauer.

DER WALDGARTEN
GEGENÜBER: Bubiköpfchen
(Soleirolia soleirolii) *und*
Farne säumen diesen Wald-
weg, auf den gesprenkelter
Schatten fällt.

Bereiche muten zwar verwunschen und etwas unheimlich an, doch ohne Pflege steht man am Ende vor einem undurchdringlichen, dornigen Gestrüpp.

Dagegen gedeihen unter lichten Bäumen Wildblumen und viele verschiedene Pflanzen. Im Herbst und Winter wachsen hier Alpenveilchen (Cyclamen). Sie blühen unter sommergrünen Bäumen, die zu dieser Jahreszeit noch keine Blätter haben, und können auch mit wenig Wasser auskommen. Wenn die Knollenpflanzen im Sommer absterben, stehen die Bäume in voller Pracht.

RABATTE UNTERM BAUM
LINKS: Beifuß (Artemisia),
Katzenminze (Nepeta),
Hundsrose (Rosa canina)
und Binsenlilie (Sisyrinchium) bringen Farbe in
die schattige Rabatte.

ROSA LACE-CAP-HORTENSIEN
OBEN: Hortensien (Hydrangea) lieben waldähnliche
Bedingungen. Ihre großen,
auffälligen Blütenstände lohnen es immer, sie zu ziehen.

BLAUE TEPPICHE
UNTEN: Blausternchen
(Scilla) und Anemonen
ergeben am Fuße von
Bäumen einen wunderschönen Teppich.

ZWEIFARBIGE PALETTE
RECHTS: Gelber Goldregen
(Laburnum) wirft seinen
Schatten auf die violettroten
Blüten des Lauchs (Allium).

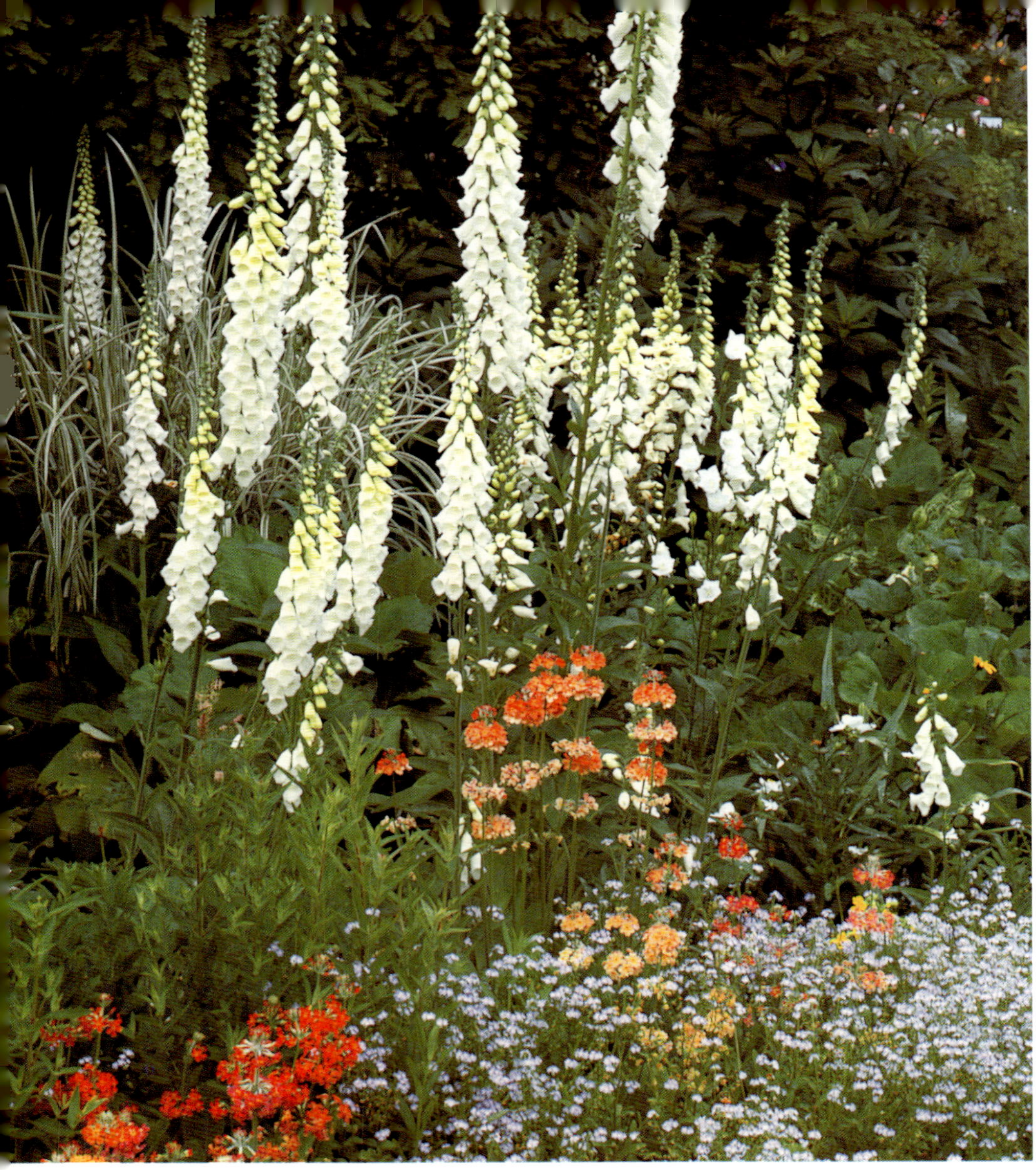

FRÜHSOMMER IM FEUCHTEN SCHATTEN
LINKS: Eine leuchtende Gruppe aus weißem Fingerhut (Digitalis), *orangefarbenen Etagenprimeln und Vergissmeinnicht* (Myosotis) *belebt den schattigen Platz mit Farbe.*

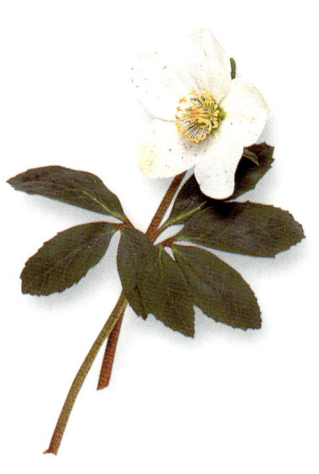

Christrose
(Helleborus niger)

Storchschnabel
Geranium maculatum

Pflanzen für den Schatten

Das erste und hübscheste Alpenveilchen, das im Herbst unter den Bäumen angesiedelt werden kann, ist die rosarote Art *Cyclamen hederifolium.* Ihr folgt im Winter das violettrote *C. coum.* Frühling ist gleichbedeutend mit Anemone, Lungenkraut *(Pulmonaria),* Salomonssiegel *(Polygonatum),* Dreiblatt *(Trillium)* und Hundszahn *(Erythronium),* die nährstoffreichen, humosen Boden und etwas Schatten lieben; besonders die Arten aus Nordamerika, wie etwa *E. revolutum* sind wunderschön. Alpenrosen und Kamelien benötigen saure Erde. Im Sommer gedeihen im Halbschatten Immergrün *(Vinca),* Funkie *(Hosta),* das Geißblatt *Lonicera japonica* 'Aureoreticulata', Ingwerorchidee *(Roscoea)* und die Rose 'Madame Alfred Carrière'. Im Herbst kommt die Krötenlilie *(Tricyrtis)* in Betracht. Farne und Efeu bieten das ganze Jahr über Grün.

Geringe Niederschläge können zum Problem werden. Deshalb sollte man die Äste über den Pflanzen ausdünnen, damit der Regen sie erreicht. Bei der Neuanlage eines schattigen Gartens steht die Pflanzenauswahl an erster Stelle.

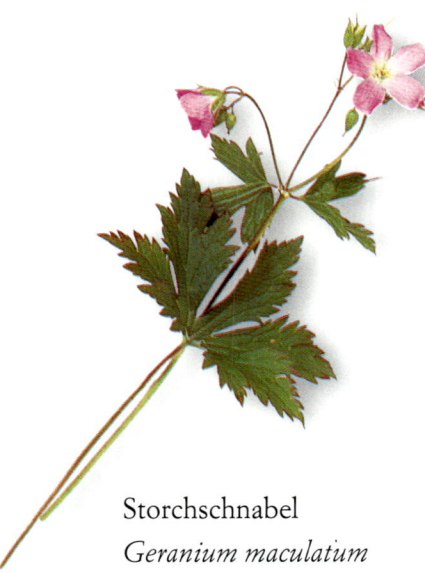

Stiefmütterchen
(Viola tricolor)

Kissenprimel
(Primula vulgaris)

Nieswurz
Helleborus x *hybridus*

Schwarzer Holunder
(Sambucus nigra)

Schneeglöckchen
Galanthus nivalis

Immergrün
Vinca major

KULTIVIERTER WALDGARTEN

RECHTS: Solange die Laub abwerfenden Bäume noch keine Blätter tragen, bekommen Hasenglöckchen (Hyacinthoides non-scripta) und weißer Silberling (Lunaria) genügend Licht. Beide Pflanzen säumen den Weg und dienen auch als Schnittblumen.

Wildblumenwiese

Die Schönheit einer Wildblumenwiese kann man auch im eigenen Garten verwirklichen: Dunkel- und hellgrünes Gras, gesprenkelt mit Blüten in den Farben eines Regenbogens, grenzt an das Blau des Himmels.

Je mehr Samen gefährdeter heimischer Arten Sie benutzen, desto besser. Doch säen Sie nicht zu viele starkwüchsige Einjährige, da diese keine dauerhafte Pflanzung ergeben, und vermeiden Sie widerstandsfähige Arten, die andere verdrängen. Das Wichtigste für eine im Frühling oder Sommer blühende Wiese ist eine gute Mischung. Zudem muss das vorherrschende Klima und die Bodenbeschaffenheit berücksichtigt werden. Zuerst entfernt man alle ausdauernden Unkräuter, dann wird der Rasen und die Bodenkrume abgetragen, um die Fruchtbarkeit des Bodens zu verringern. Zum Schluss lockert und harkt man die Oberfläche.

LEUCHTENDE KORBBLÜTEN
LINKS: Diese herrliche Wiese besteht aus einem Meer aus weißen und gelben Korbblüten.

BUNTER MOHN
OBEN: Mohn (Papaver), *der sich aussamt, bildet einen farbenprächtigen Teppich.*

EINE MINIWIESE

OBEN: Mohn (Papaver), *Margeriten* (Leucanthemum vulgare), *Stiefmütterchen* (Viola tricolor) *und Kornblumen* (Centaurea cyanus)
übertragen den Effekt einer großen Wiese in einen kleinen Garten.

Die Aussaat erfolgt im Herbst. Im ersten, blütenlosen Jahr wird das Gras etwa
8 cm hoch gehalten; in den folgenden Jahren wird erst gemäht, wenn sich die Pflanzen ausgesamt haben. Im Sommer blühende Wiesen werden im Herbst gemäht.
Manche Wildblumenwiesen sind nur schwer zu etablieren, aber wenn dies einmal geglückt ist, brauchen sie keine Hilfe mehr. Große Flächen leuchtender
Blüten und verstreut erscheinender Pflanzen in unterschiedlichen Höhen
eignen sich jedoch nicht für akkurat angelegte Gärten.

Wiesenmargerite
(*Leucanthemum vulgare*)

EIN NATÜRLICHER ANBLICK

OBEN: *Die ideale Kombination für einen Wildblumengarten, in der Formen und Farben isoliert stehen. Von vorn nach hinten: Wiesenkerbel* (Anthriscus sylvestris), *Mohn* (Papaver) *und Gräser.*

EINE FEUCHTE WIESE

LINKS: *Es gibt für fast alle Wachstumsbedingungen geeignete Wildblumen. Auf diesem feuchten Boden gedeihen Etagenprimeln, Funkien* (Hosta), *Schwertlilien* (Iris) *und Jakobsleiter* (Polemonium).

UNTERSCHIEDLICHE HÖHEN
OBEN: *Kuckucksblume, Gänseblümchen, Hahnenfuß und im Hintergrund Königskerze ergeben neben dem Gartenweg eine Wildblumenpflanzung.*

SITZPLATZ AM WIESENRAND
LINKS: *Hahnenfuß, Leimkraut* Silene dioica *und Fingerhut bilden einen hübschen Blickfang am Ende des Gartens.*

WEG DURCH DIE »WILDNIS«
RECHTS: *Der Pfad windet sich durch Wiesenmargeriten, Moschusmalven und Römische Kamille.*

Wildblumen im Garten

Die Schönheit und der Charme von Wildblumen sind im Garten unübertroffen. Es ist ein hartnäckiges Gerücht, dass sie nur auf großen Flächen zur Geltung kommen. Jedes Fleckchen, und sei es der Rand einer Rabatte, wird durch Wildblumen aufgewertet. Sie stellen in ihrer Ungezügeltheit einen starken Kontrast zu den gut geplanten und angelegten Beeten und Rabatten dar, in denen die Pflanzen geordnet wachsen. Allerdings empfiehlt sich eine Pufferzone, etwa ein Rasen, wo die verschiedenen Stile ineinander übergehen.

Wiesenmargerite *(Leucanthemum vulgare)*, Nachtkerze *(Oenothera)*, Fingerhut *(Digitalis)*, Kuckucksblume *(Lychnis flos-cuculi)*, Wolfsmilch *(Euphorbia)* und Phlox sind herrliche Pflanzen und ziehen Tiere an. Doch auch Gräser sind wichtig, denn sie erfüllen einen doppelten Zweck: Mähen Sie sie nicht im Herbst, sondern lassen sie einige Stiele über den Winter stehen – sie werfen Schatten, leuchten vor Raureif und sind einfach interessant anzusehen.

Pflege einer Wildblumenanlage

Mähen Sie einmal im Jahr die Wildblumen, nachdem sie sich ausgesamt haben, mit der Sense. Bei kahlen Flecken lockert man die Erde auf und pflanzt Stauden oder sät Einjährige aus; Mohn ergibt einen herrlichen Anblick. Die Stelle wird mit Hühnerdraht abgedeckt, um Vögel fern zu halten, und dann gut gewässert.

1 Sollen sich lange Gräser und Blumen aussamen, den Schnitt im Spätsommer vornehmen. Sonst früher beginnen und bis Herbstende regelmäßig mähen.

2 Nach dem Mähen das Schnittgut am Boden liegen und in der Sonne trocknen lassen. Danach wird es zusammengeharkt und entfernt.

Schlüsselblume (*Primula veris*)

Klatschmohn (*Papaver rhoeas*)

Margerite (Leucanthemum-Maximum-Hybride)

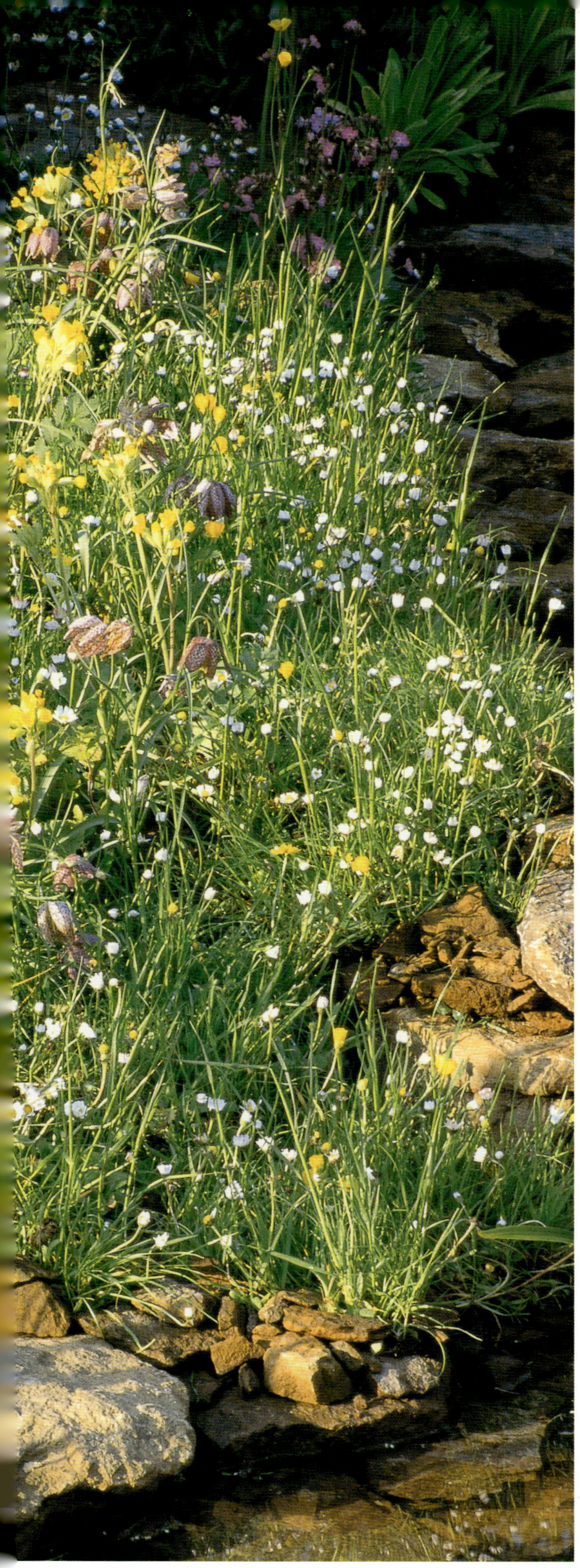

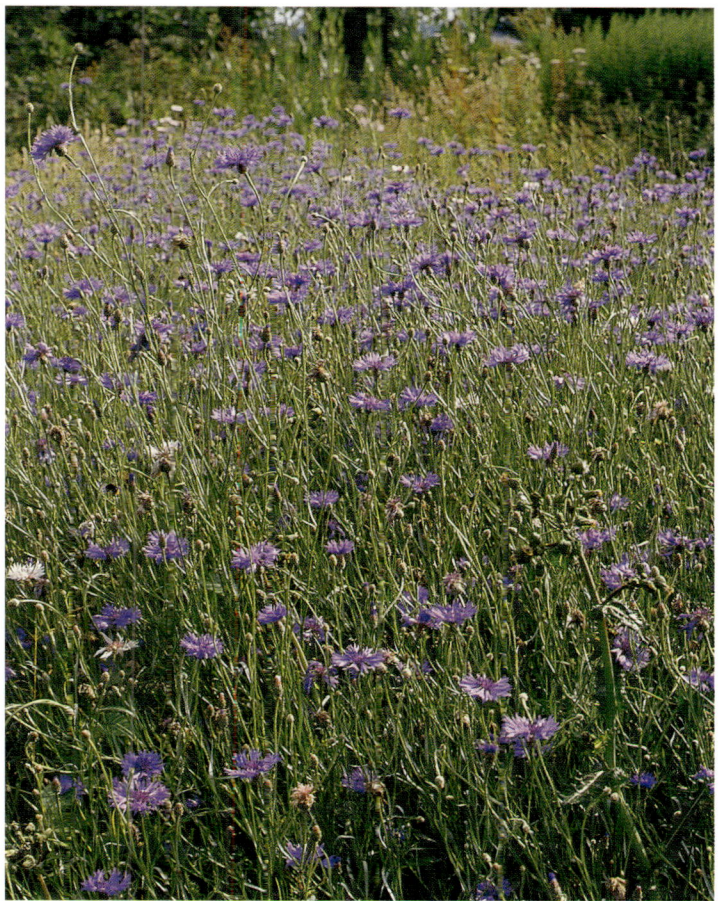

Fritillarien und Schlüsselblumen ziehen Schmetterlinge an.

TIPP DES GÄRTNERS

Wildblumen

Nehmen Sie die Auswahl der Wildblumen mit Bedacht vor. Heimische Arten stellen einen wertvollen Beitrag zur Umwelt dar. Es gibt Arten für trockene und feuchte Standorte, sauren und alkalischen Boden, sonnige und schattige Plätze. Informieren Sie sich vor dem Kauf genau und überzeugen Sie sich davon, dass die Pflanzen während der ganzen Wachstumsphase blühen.

Kornblume *(Centaurea cyanus)*

Tiere im Garten

Egal, in welchem Stil ein Garten gestaltet ist – die meisten locken bestimmte Tiere an. Zieht man die passenden Pflanzen, so kann man gezielt Insekten wie Bienen und Schmetterlinge, Vögel und andere Kleintiere in den Garten holen.

Zunächst muss man sicherstellen, dass die Tiere die richtigen Bedingungen vorfinden, und diese auch aufrechterhalten. Wasserelemente wirken auf Kröten, Frösche, Libellen und Käfer wie ein Magnet. Teiche benötigen an einer Seite eine flache Ausstiegsstelle, denn Frösche können zwar von einem steilen Ufer aus in das Wasser springen, aber nicht zurück. In der Nähe sollte es feuchte, schattige Unterschlupfmöglichkeiten geben, wie etwa zerbrochene Ziegelsteine und Steine, die sie als Schutz vor der Sonne aufsuchen können und wo sie auch Schnecken finden. Sauerstoff bildende Pflanzen wie Wasserpest (*Elodea*) und Wasserstern (*Callitriche*) wachsen im Teich. Sie halten das Wasser klar, indem sie der Algenbildung vorbeugen, und spenden Wassertieren Schatten und Schutz.

NÜTZLICHE BIENEN
OBEN: Angelockte Bienen nützen allen Pflanzen im Garten.

LEBEN AM TEICH
RECHTS: Seerosenblätter ergeben einen idealen Landeplatz für Frösche und Kröten.

EIN BIOTOP
LINKS: Wildblumen und Gräser umgeben den naturbelassenen Teich, in dem Fische und andere Wassertiere leben.

Von einem Unterstand oder einer verborgenen Hütte aus lassen sich Tiere ungestört betrachten. Dachse, die gerade aus ihrem Bau kommen, sind sehr scheu und flink und sollten daher besonders vorsichtig beobachtet werden.

Den Vögeln zuzusehen ist zwar nicht spektakulär, macht aber trotzdem viel Freude. Ein geschützter Futterplatz und ein Vogelbad locken sie in den Garten. Vogelhäuschen sollten so angebracht werden, dass auch die beweglichste Katze der Nachbarschaft sie nicht erreicht. Im Herbst, wenn die Pflanzen Samenstände tragen, feiern Vögel ein Festmahl.

Umgefallene Stämme, abgebrochene Zweige, Löcher in Steinmauern – sie alle bieten Tieren Unterschlupfmöglichkeiten. Jeder Platz hat seinen speziellen Bewohner und stellt mit Würmern, Mäusen, Hasen, Füchsen und Sperbern ein Glied in der Nahrungskette dar. Mit Zeit und Geduld verwandeln Tiere den Garten in eine Oase voller Summen, Brummen, Schwirren, Krächzen und manch nächtlichem Quaken – in einen Ort mit eigenem Zauber.

Ein Vogelhäuschen anbringen

Vogelhäuschen sind in verschiedenen Größen erhältlich. Wer bestimmte Vögel anlocken möchte, sollte das Haus im passenden Format selbst bauen. Der Boden muss mindestens 100 qcm groß sein. Im Frühling wird es hoch an einen ausgewachsenen Baum genagelt. Es kann drei Jahre dauern, bis sich Vögel einstellen.

1 *Die Größe des Häuschens, insbesondere seine Breite, muss überprüft werden – es sollte schmäler sein als der Baum, an dem es hängt. Ein solides Häuschen ist sicherer als ein Nest.*

2 *Das Vogelhaus mit einem 5 cm langen Nagel anbringen. Der Baum sollte mehr als 8 cm Durchmesser haben; junge Bäume sind ungeeignet, da sie leicht beschädigt werden.*

ABGESCHIEDENES VOGELHAUS
LINKS: Der ideale Standort für ein Vogelhaus – ruhig, abgeschieden und mit Pflanzen und Insekten umgeben, die für Nahrung sorgen.

DEKORATIVES VOGELBAD
RECHTS: Verzierte Vogelbäder sind wahre Blickfänge – und darüber hinaus auch Vogeltränke, die in einem langen, trockenen Sommer lebenswichtig sein kann.

Schmetterlinge, Bienen und Vögel anlocken

Schmetterlinge nehmen mit ihrer langen Zunge Nektar auf. Neben Schmetterlingsstrauch (*Buddleja*) und Fetthenne (*Sedum*) gibt es viele Pflanzen, die Schmetterlinge gern aufsuchen, wie etwa Wasserdost (*Eupatorium*), Garbe (*Achillea*) und Seidenpflanze (*Asclepias*), die im Hochsommer eine wunderbare Nektarquelle ist. Bienen lieben diese Pflanzen ebenfalls, aber auch Edeldistel (*Eryngium*), Dost (*Origanum*), Thymian, Klee (*Trifolium*) und Obstbäume. Ein Bienenstock im Garten bedeutet jedoch nicht, dass die Luft stets von Summen erfüllt ist – Bienen fliegen bis zu vier Kilometer weit, um Nektar zu sammeln.

Damit Vögel Nester bauen, benötigen sie dicht bepflanzte, geschützte Plätze. Forsythien oder eine gemischte Hecke aus Haselnuss (*Corylus*), Hartriegel (*Cornus*), Buche (*Fagus*) und Eiche (*Quercus*) sind ideal; sie ziehen jede Art von Tieren an und bieten Schutz vor Katzen und Raubvögeln. Zudem brauchen Vögel Früchte tragende Pflanzen, wie Schwarzdorn (*Prunus spinosa*), Stechpalme (*Ilex*), Efeu (*Hedera*) und Spindelstrauch (*Euonymus*).

Salbei (*Salvia*)

ANZIEHUNGSPUNKT

RECHTS: Die violettrote Glattblattaster (Aster novi-belgii) *ist von Spätsommer bis Mitte Herbst für Schmetterlinge eine gute Nektarquelle.*

Schmetterlingsstrauch *Buddleja alternifolia*

Büschelschön (*Phacelia tanacetifolia*)

Obst und Gemüse

Ein Garten bietet die Möglichkeit, bevorzugte Obst-, Gemüse- und Kräuter-Sorten selbst zu ziehen. Ein Gemüsegarten lohnt sich immer – selbst auf kleinstem Raum kann man in Gefäßen Nutzpflanzen anbauen. Zudem weiß man sicher, dass diese Pflanzen natürlich gezogen wurden.

SIEHT GUT AUS UND SCHMECKT AUCH GUT
Kürbisse, Kapuzinerkresse und Sonnenblumen lassen diesen Gemüsegarten dekorativ aussehen (links). *Glänzende, reife Tomaten* (oben) *fügen rote Tupfen hinzu.*

Küchengärten

Ein Küchengarten kann bei sorgfältiger Planung erstaunlich ergiebig sein. Aufteilung und Bodenbeschaffenheit sind wichtige Aspekte, wo notwendig, auch Dünger. Ein Fruchtwechsel in zweijährigem Turnus verhindert, dass dem Boden spezielle Nährstoffe entzogen werden und sich an einer Stelle bestimmte Schädlinge und Krankheiten entwickeln, denn ihr Lebenszyklus wird durch neue Pflanzensorten unterbrochen.

In einem Küchengarten lassen sich überraschend viele Pflanzen ziehen – man benötigt fast doppelt so viele, als man vielleicht annimmt. Bei der Planung sind Samenkataloge hilfreich. Spargel *(Asparagus),* Brokkoli *(Brassica oleracea* Italica-Gruppe), Möhre *(Daucus carota),* Radicchio *(Cichorium intybus* var. *foliosum),* Endivie *(Cichorium endivia),* Gartensalate *(Lactuca sativa)* wie 'Rossa di Trento' und 'Little Leprechaun', Erbsen *(Pisum sativum),* Strauchtomate *(Lycopersicon esculentum)* mit kleinen gelben Früchten – die Liste ist lang. Zwischen den Pflanzen muss genügend Platz zum Heranreifen und Unkrautjäten frei bleiben.

GEOMETRISCHE BEETE
*OBEN: Die Beete des sorgfäl-
ig angelegten kleinen
Küchengartens sind mit
ormiertem Buchsbaum
(Buxus) eingefasst.*

BUNTES GEMÜSE
*RECHTS: Auf einer angren-
enden freien Fläche macht
ich das Rot der Kapuziner-
resse* (Tropaeolum) *und
as Gelb der Ringelblume
(Calendula) gut – zudem
nterdrücken diese Pflanzen
nkraut erfolgreich.*

MINZE

OBEN: *In einen Küchengarten gehören Kräuter – sie füllen jede Lücke. Minze* (Mentha) *wird in eingegrabenen Töpfen gezogen, da sie sich stark ausbreitet.*

Dicke Bohne *(Vicia faba)*

GEMISCHTE PFLANZUNG

RECHTS: *Selbst auf kleinem Raum gedeihen zwischen Nutzpflanzen Blumen.*

APFELHAIN

OBEN: *Man ist immer versucht, verschiedene Sorten von Apfelbäumen zu pflanzen – doch bereits ein Baum bringt hunderte Äpfel hervor. Empfehlenswerter ist eine Unterlage mit zwei oder drei Edelsorten.*

Der Rand des Küchengartens ist der beste Platz für Obstbäume. Apfelbäume *(Malus domestica)* sind als kniehohe Stämme mit rechtwinkligen Zweigen erhältlich und bilden einen kleinen »Zaun«. Brombeeren *(Rubus fruticosus)* werden in Fächerform, Stachelbeeren-Halbstämme *(Ribes uva-crispa)* in U-Form und Birnbäume *(Pyrus communis* var. *sativa)* als Kordon in einem 45°-Grad-Winkel an einem Drahtspalier gezogen.

Kräutergärten

Der Duft und der Geschmack von Kräutern bereichern jede Küche. Zudem sind sie dekorativ und fügen einer Gartenanlage ein attraktives Element hinzu. Kräutergärten sind meist in mehrere runde, drei- oder rechteckige Bereiche unterteilt, die durch Wege in Fischgratmuster oder formierten Buchsbaum abgetrennt werden. Kräuter lassen sich besser ernten, wenn sie gut zugänglich sind.

Erfahrene Freizeitgärtner pflanzen Kräuter, die einem speziellen Zweck dienen, zusammen: eine Sammlung von Küchenkräutern; eine Mischung für die Aromatherapie, wie Lavendel (*Lavandula*), Rosmarin (*Rosmarinus*) und Minze (*Mentha*), von denen man einige Zweige für ein entspannendes Bad unter das fließende heiße Wasser hängt; für ein Potpourri Salbei (*Salvia*), Thymian (*Thymus*) und Römische Kamille (*Chamaemelum nobile*); oder für bestimmte medizinische Zwecke – hier sollte jedoch stets ein Arzt befragt werden.

KRÄUTERPRACHT

LINKS: Der imposante Kräutergarten umfasst violettroten Salbei, Fenchel, Schnittlauch und Katzenminze.

DUFT UND FARBE

OBEN: Die nadelähnlichen Blätter des Rosmarins kontrastieren mit den runden, essbaren der Kapuzinerkresse.

417

GUT AUSGERÜSTETE KÜCHE

OBEN: *Küchenkräuter sind in unterschiedlicher Form verfügbar – ob frisch aus dem Garten, in Olivenöl und Essig eingelegt oder getrocknet.*

Basilikum
(*Ocimum basilicum*)

FORMALE ANLAGE
LINKS: *Dieser traditionelle Kräutergarten ist oval ange- legt, mit dekorativen Ziegel- wegen und einem mittigen Blickfang, um den die Kräu- ter nach außen wachsen.*

BUNTE MISCHUNG
UNTEN: *Rosmarin, Thymian, violettroter Salbei, Lavendel und rosarote Pelargonien ergeben ein hübsches Kräuterbeet.*

Will man Kräuter trocknen, erntet man sie am Morgen eines warmen Tages, sobald der Tau getrocknet ist und die Blüten sich gerade öffnen. Man muss sie vorsichtig behan- deln, um sie nicht zu beschädigen. Das Trocknen geht am schnellsten mit einem Mikrowellengerät: je nach Blattgröße 1–3 Minuten; beobachten Sie den Vorgang. Im Backrohr dauert es etwa 2,5 Stunden bei 13° Celsius. Man kann die Sträuße jedoch auch für mehrere Tage in einen trockenen, gut gelüfteten Raum hängen. In sauberen, trockenen Glä- sern halten sich die Kräuter 12 Monate; Kondenswasser muss entfernt werden. Verströmen die Kräuter einen inten- siven Duft, kann man sie vorsichtig dosiert verwenden.

Rosmarin *(Rosmarinus officinalis)*

Schnittlauch *(Allium schoenoprasum)*

Pastellfarbene Gruppe aus Mohn *(Papaver)*, Boretsch *(Borago)* und Dill *(Anethum)*.

Panaschierter Oregano *Origanum vulgare* 'Gold Tip'

Petersilie
(*Petroselinum crispum*)

TIPP DES GÄRTNERS

Küchenkräuter

Sie sind leicht zu ziehen, benötigen nur wenig Platz und sind stets verfügbar, wenn man sie im Sommer öfter aussät. Und nicht zuletzt verleihen sie einem Gericht ihr typisch frisches Aroma. Man kann zwar inzwischen alle Kräuter ziehen, aber meist genügen Basilikum, Minze, Oregano, Petersilie, Rosmarin, Salbei, Schnittlauch und Thymian.

MEDITERRANES FLAIR

UNTEN: *Ein junger Rosmarin-Hoch-
stamm dominiert die Topfgruppe aus
Petersilie* (Petroselinum crispum)
und Heiligenkraut (Santolina chamaecyparissus). *Große, glatte Steine
schmücken das Arrangement.*

EIN GROSSER LORBEERBAUM

RECHTS: *Lorbeerbäume* (Laurus) *können leicht zu so großen, imposanten Formen erzogen werden. Entweder man
schneidet ihn, wenn er die entspre-
chende Höhe erreicht hat, oder immer
wieder, während er wächst. Es sollten
jedoch nicht zu viele Blätter – und damit
Energie – entfernt werden.*

Kulinarische Topfgärten

Kein Platz im Garten? Verzagen Sie nicht, denn auch in Töpfen lassen sich Kräuter und Gemüse leicht ziehen. Tatsächlich kommen einige Pflanzen in Gefäßen besser zur Geltung, wie etwa Rosmarin (*Rosmarinus*). Sich selbst überlassen, nimmt er einen ungezügelten Wuchs an, doch ein Schnitt verleiht ihm eine hübsche, offene Form.

Da große Pflanzgefäße teuer sind, kann man für Salat auch Kübel verwenden, die mit Drainagelöchern versehen werden. Wer schon früh frischen Salat möchte, aber keine Folientunnel besitzt, sollte ihn in Kübeln im Raum vorziehen und nach dem letzten Frost ins Freie auspflanzen. Kordon-Tomaten lassen sich in Töpfen zu Kordons oder in Zickzackform ziehen. Dafür knipst man die Sprossspitze aus, damit sich ein Seitenspross entwickelt, der im 45°-Winkel an Drähten an der Mauer befestigt wird. Dann wird erneut die Sprossspitze ausgeknipst, um den nächsten Seitenspross in entgegengesetzter Richtung anzubringen usw. Buschtomaten sind einfacher zu ziehen und eignen sich ebenfalls gut für Gefäße, genauso wie kleine Möhren (*Daucus carota*), Zwergformen der Stachelbeere (*Ribes uva-crispa*), Paprika (*Capsicum*), Radieschen (*Raphanus sativus* var. *sativus*), Frühlingszwiebel (*Allium cepa*), Erdbeere (*Fragaria* x *ananassa*) und Rauke (*Eruca*).

HÜBSCHES ARRANGEMENT
OBEN: *Das flache Pflanzgefäß mit einer Mischung aus verschiedenen Kräutern ist ideal für ein Fensterbrett.*

TOMATEN ALS BLICKFANG
LINKS: *Leuchtend rote Kirschtomaten in einem Topf auf einem Sockel ziehen in einem kleinen Garten die Blicke auf sich.*

423

MUSTER MIT SALAT

OBEN: *Die zunehmende Zahl an rot-
blättrigen Sorten ermöglicht es,
mit Salat dekorative Effekte in einem
Küchengarten herzustellen.*

KLASSISCHER POTAGER

RECHTS: *Dieser ungewöhnliche Potager
besteht aus locker bepflanzten Beeten,
die neben Gemüsepflanzen auch Blumen
beinhalten, sowie langen, freigehaltenen
Wegen mit hübschen Ziegeln.*

Dekorativer Potager

Ein klassischer Potager umfasst sowohl Gemüsepflanzen als auch Blumen. Seine Geschichte geht bis zur Mitte des 16. Jahrhunderts zurück. Das französische Renaissanceschloss Villandry besitzt einen Potager größeren Ausmaßes: neun große, quadratische Beete mit prächtiger Bepflanzung und von Buchsbaum *(Buxus)* eingefasst.

Das entscheidende Element bei der Planung eines Potagers sind einjährige Pflanzen. Dies bedeutet, dass die Anlage jedes Jahr neu gestaltet werden kann. Man sollte sich jedoch nicht zu sehr an die Tradition gebunden fühlen und nur formierten Buchsbaum als Einfassung verwenden. Und anstatt Reihen von rosarot blühendem Schnittlauch kann man große Gruppen von Petersilie *(Petroselinum crispum)* pflanzen oder Heliotrop, das die Luft mit Duft erfüllt. Auch mit mehrjährigen Kräutern lassen sich Grenzen ziehen. An Rahmen kletternde Waldreben *(Clematis)* und Fenchel *(Foeniculum)* sorgen für Höhe, und verschiedene Blattfarben fügen Muster hinzu. Bohnen *(Vicia faba)* und Erbsen *(Pisum sativum),* die an zeltförmig aufgestellten Stöcken wachsen, werden am Boden durch farbenprächtige Studentenblumen ergänzt.

Schnittlauch *(Allium schoenoprasum)*

BETONUNG VON FARBE

LINKS: *Zwischen verschiedenen Sorten von Lauch* (Allium) *wachsen Studentenblumen* (Tagetes), *die dem Potager Farbe verleihen. Die Bohnen werden an Stützhilfen gezogen.*

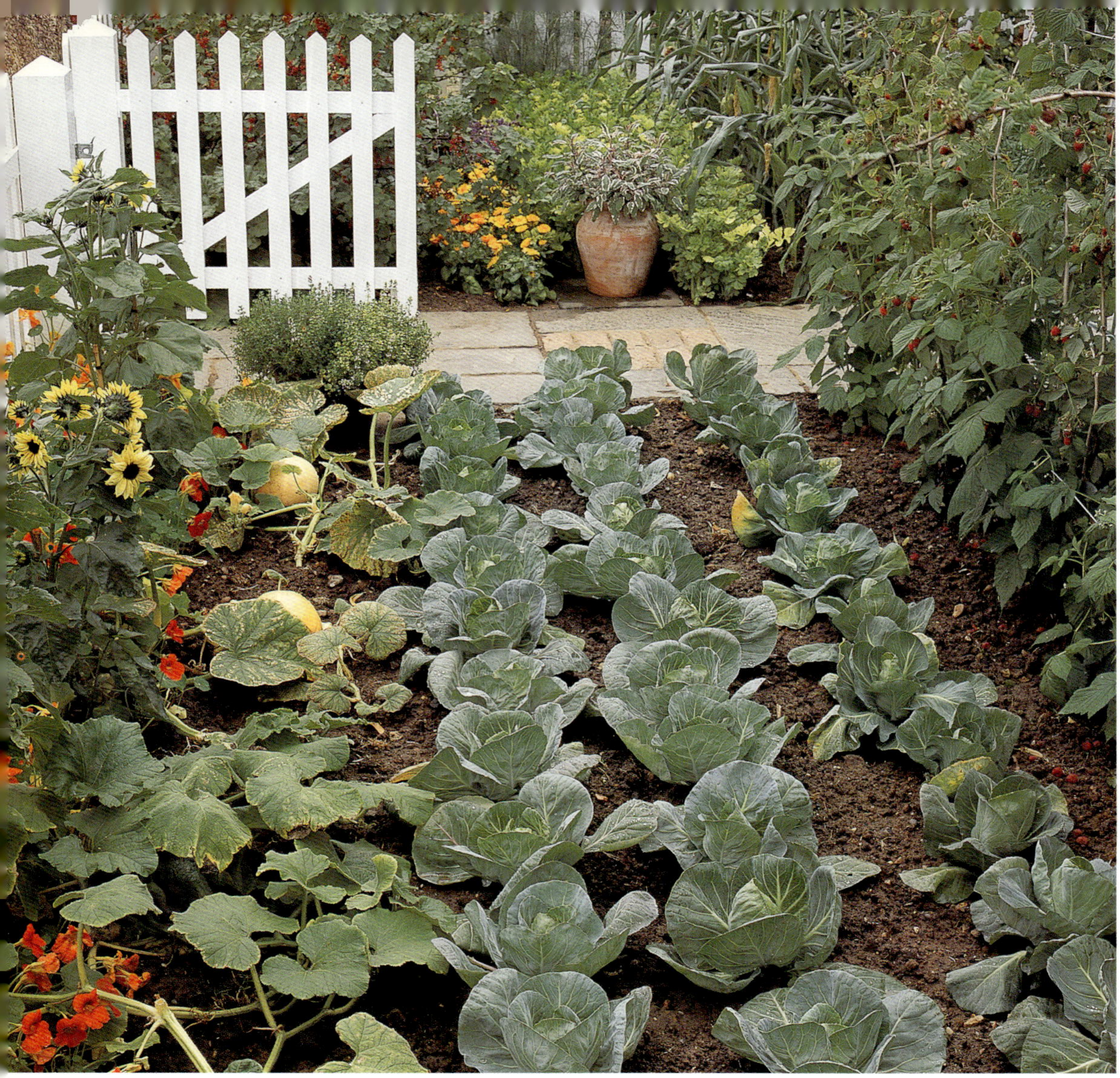

ÜPPIGE BEETE
LINKS: Auf knappem Raum bringen dicht aneinander gesetzte Pflanzen den größten Ertrag.

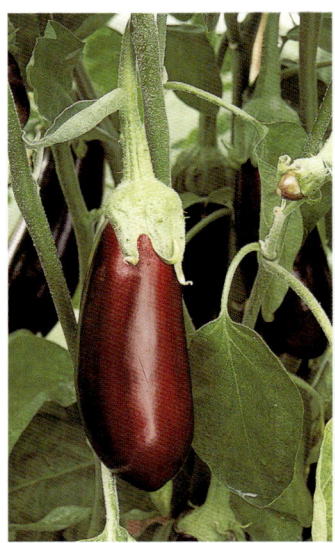

Aubergine
(Solanum melongena)

Möhre
(Daucus carota)

Anbau von Gemüse

Die Qualität von Gemüse entspricht der der Erde, in der sie wachsen. Am besten eignen sich Hochbeete, die mit speziell behandeltem Holz eingefasst sind. Dieses sieht nicht nur gut aus, sondern hält auch verrotteten Stallmist und Kompost zurück, die jährlich aufgebracht werden, um die Struktur und Fruchtbarkeit der Erde zu verbessern. Laubkompost eignet sich hier besonders gut. Laub wird zu großen Haufen zusammengeharkt und in Drahtbehältern gelagert. Die Blätter verrotten mit der Zeit und ergeben eine nahrhafte, krümelige Mischung.

Feine, sandige Erde hält die Feuchtigkeit schlecht, und die Nährstoffe werden schnell ausgewaschen. Sie muss daher oft gedüngt werden. Auch schwere Tonböden benötigen eine Strukturverbesserung, zum Beispiel mit Pilzsubstrat. Hat man einmal einen lockeren Boden voll Mikroorganismen und Würmer erreicht, so sollte man unbedingt vermeiden, ihn durch Betreten wieder zu verdichten. Die Beete dürfen deshalb nicht so breit sein, dass man ihre Mitte nicht mehr bequem erreicht. Legt man ein Beet neu an, wird es zunächst umgegraben. Nachdem alle Unkräuter entfernt sind, gräbt man noch Stallmist unter und verteilt auf der Oberfläche Kompost, den Würmer in tiefere Schichten verteilen.

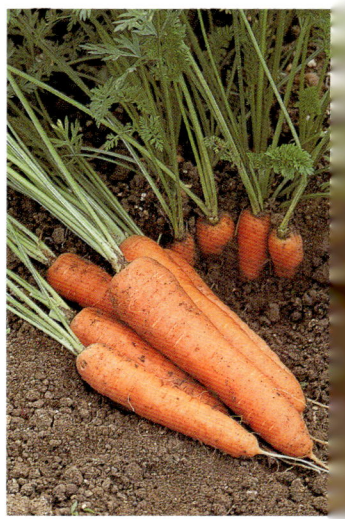

Aussaat

Zuerst wird jede Rille markiert. Dazu verwendet man eine Schnur, die man an zwei Pflöcken befestigt, oder eine Holzlatte, die man auf den Boden legt. Alle großen Steine mit der Harke entfernen. Rille in entsprechender Tiefe ziehen: Für 60–75 cm breite Pflanzen sollten die Rillen 20 cm breit sein und 60 cm Abstand zueinander haben. Samen im angegebenen Abstand säen (bei späterem regelmäßigem Vereinzeln auch enger), mit Erde bedecken und wässern.

1 Sorgfältig harken; dabei große Steine entfernen und Erdklumpen zerkleinern. Mit einer Hacke eine glatte, ebene, breite Rille für die Samen ziehen.

2 Samen im empfohlenen Abstand säen. Sie können enger gesät werden, wenn man die Sämlinge vereinzelt, oder in Blöcken, wenn man sie beständig ausdünnt.

3 Wenn nötig, die Sämlinge vereinzeln, da sonst die Nachbarpflanzen leiden. Sie brauchen zwar nicht mehr Platz, aber erhalten so zu wenig Licht.

AKKURATE REIHEN

LINKS: *Schnellwüchsige, schmackhafte Salatsämlinge wurden in das leere Beet gesetzt, das bis vor kurzem noch anderes Gemüse beinhaltete.*

427

LEICHT ZUGÄNGLICH

RECHTS: Die kleinen Beete bilden einen hübschen Küchengarten. Sie sind überschaubar und beim Ernten gut zugänglich.

Salatpflanzen

Gartensalat *(Lactuca sativa)* stellt die größte Gruppe des Salatgemüses. Es gibt zwei Typen: Die einen bilden kein Herz aus und wachsen nach; von ihnen kann man nach Belieben einzelne Blätter ernten. Die anderen entwickeln ein dichtes Herz, wie etwa Eissalat, Römischer Salat und Buttersalat. Wer genügend Platz hat, sollte von jedem Typ einige Pflanzen ziehen. Damit den Sommer über stets frischer Salat zur Verfügung steht, sollte man alle zwei Wochen säen. Ausgedünnte Sämlinge gibt man in den Salat. Bei Trockenperioden muss genügend gewässert werden, da viele Sorten schnell schossen und dann nicht nur hässlich aussehen, sondern auch bitter schmecken.

Endivie *(Cichorium endivia)* wird im Sommer und Winter geerntet, Chicorée und Radicchio *(C. intybus* var. *foliosum)* im Herbst und Winter. Die Mangold-Sorte *Beta vulgaris* 'Rhubard Chard' mit ihren dunkelgrünen Blättern und roten Rippen und Adern ist besonders dekorativ – im Garten und auf dem Teller. Aus Mangold entstehen im Winter herrliche Eintöpfe und italienische Gerichte. Tomaten können bis Herbstende geerntet werden.

Tomate
(Lycopersicon esculentum)

Gurke
(Cucumis sativus)

429

Obst

Der optimale Obstgarten ist von hohen Südmauern umgeben, in deren Schutz Birnen- und Pflaumen-, Aprikosen- und Feigenbäume gedeihen und schneller heranreifen. Schattige Plätze und Standorte mit sehr spätem Frost sind leider ungeeignet.

Feigenbäume *(Ficus carica)* besitzen kräftige Pfahlwurzeln, mit deren Hilfe der Baum große Ausmaße annimmt. Damit er klein bleibt, sollte er in einen Steinschacht oder ein großes Gefäß gepflanzt werden. Es gibt empfindliche, aber auch robuste Sorten; die saftigen Früchte können weiß oder schwarz sein.

Birnbäume *(Pyrus communis* var. *sativa)* tragen je nach Sorte vom Sommer bis zum Frühwinter Früchte, während die Ernte von Pflaumen- und Zwetschgenbäumen meist im Frühherbst beendet ist. Kirschbäume *(Prunus cerasus)* sind leider sehr selten; 'Morello' ist eine bekannte Sorte – sie eignet sich gut für Cherry Brandy und Marmelade. Wer keinen Platz für einen Obstbaum hat, kann Erdbeerpflanzen *(Fragaria* x *ananassa)* ziehen. Sie tragen zwei Jahre lang viele Früchte; danach lässt die Leistung nach, sodass man rechtzeitig an Nachschub denken muss. Himbeeren *(Rubus idaeus)* und andere Beerensträucher eignen sich ebenfalls für die Kultur.

LECKERES TRIO

OBEN: *Die Erdbeer-Sorten* 'Elsanta' *(oben),* 'Elvita' *(unten) und die kleine, süße Monatserdbeere gedeihen auch in Pflasterfugen.*

'MORELLO'

GEGENÜBER: *Kirschbäume tragen viele Früchte – ein als Fächer erzogener Baum liefert 5,50–9 kg Früchte, ein frei stehender die doppelte Menge.*

NEKTARINEN

LINKS: *Die Haut der Nektarinen ist glatter als die von Pfirsichen. In kälteren Regionen wächst der Baum nur im geheizten Gewächshaus.*

Gartenkalender

Regelmäßige Pflege hält den Garten in Ordnung und die Pflanzen gesund und schön. Dieser Gartenkalender zeigt Ihnen in übersichtlicher und knapper Form die wichtigsten Arbeiten für einen Garten, der das ganze Jahr über in gutem Zustand ist. Vor der Pflanzenauswahl müssen die Bodenbeschaffenheit und ganz allgemein die Standortbedingungen festgestellt werden. Für bestimmte Pflanzen bieten spezielle Garten- und Pflanzenbücher Informationen und Rat.

FRÜHLING

Pflanzgefäße:

- *Nach den letzten Frösten Töpfe neu bepflanzen.*
- *Von ganzjährigen Topfpflanzen abgestorbenen und unschönen Wuchs entfernen.*
- *Kopfdüngung ausbringen, indem man die oberen 5 cm Substrat erneuert.*
- *Schädlinge und Krankheiten sofort bekämpfen.*

Beete und Rabatten:

- *Stauden pflanzen.*
- *Einjährige aussäen.*
- *Beete und Rabatten düngen und mulchen.*
- *Abgestorbenen und unschönen Wuchs von mehrjährigen Pflanzen zurückschneiden.*
- *Große Staudengruppen aus dem Boden nehmen und teilen.*
- *Stecklinge von Topfpflanzen und Sommerblumen nehmen.*
- *Rosen schneiden.*
- *Stauden stützen.*

Rasen:

- *Neue Rasensoden verlegen oder Samen aussäen.*
- *Bestehenden Rasen düngen.*
- *Regelmäßig mähen und die Kanten beschneiden.*
- *Beschädigte Kanten und Löcher ausbessern.*
- *Unkraut entfernen.*

Bäume und Sträucher:

- *Im Container gezogene Bäume und Sträucher pflanzen.*
- *Sträucher, die im Winter blühen, schneiden.*
- *Abgestorbene oder von Krankheiten befallene Triebe entfernen.*
- *Zu Beginn des Frühjahres Sträucher schneiden, die nach dem Hochsommer blühen.*
- *Hecken schneiden beziehungsweise neu anlegen.*
- *Im Frühling blühende Sträucher nach der Blüte schneiden.*
- *Wurzelnackte sommergrüne Bäume und Sträucher pflanzen.*

Wassergärten:

- *Falls nötig, Wasser einfüllen.*
- *Im Spätfrühling neue Wasser- und Uferpflanzen einsetzen.*
- *Algen und Unrat entfernen.*
- *Zu groß gewordene Pflanzen teilen oder in frische Erde umsetzen.*

Küchengärten:

- *Einjährige Kräuter aussäen.*
- *Hohe, unschöne Triebe von verholzenden Kräutern, wie beispielsweise Rosmarin, entfernen.*
- *Kleine, buschige Kräuter schneiden, damit sie kompakt bleiben.*

SOMMER

Pflanzgefäße:

- *Topfpflanzen regelmäßig wässern, bei hohen Temperaturen je nach Bedarf ein- bis zweimal täglich.*
- *Verwelkte Blütenköpfe regelmäßig entfernen, um zu neuer Blütenbildung anzuregen.*
- *Regelmäßig Flüssigdünger verabreichen.*
- *Blumenampeln und Fensterkästen mit Sommerblumen bepflanzen.*

Beete und Rabatten:

- *Zweijährige aussäen.*
- *Rosen nach der ersten Blüte düngen.*
- *Krankheiten und Schädlinge sofort bekämpfen.*
- *Verwelkte Blütenköpfe regelmäßig entfernen.*
- *Beete und Rabatten regelmäßig wässern.*
- *In Beeten und Rabatten Unkraut jäten.*
- *Kletterpflanzen, die vor dem Hochsommer blühen, schneiden.*

Rasen:

- *An regenfreien Tagen mähen; das Gras sollte zwischen 1–5 cm hoch sein.*
- *Bei Bedarf wässern; dem Gießwasser Rasendünger zugeben (Gebrauchsanweisung des Herstellers beachten).*
- *Unkraut entfernen.*
- *Rasenkanten regelmäßig beschneiden.*
- *Wildblumenwiesen, die im Frühling blühen, schneiden, sobald sich die Pflanzen ausgesamt haben.*

Bäume und Sträucher:

- Formierte Bäume und Sträucher schneiden, damit sie ihre Silhouette behalten.
- Immergrüne mit einer scharfen Garten- oder Heckenschere schneiden.
- Bäume und Sträucher durch Absenker vermehren.

Wassergärten:

- Den Wasserstand des Teiches durch Auffüllen beibehalten.
- Seerosenblätter, die aus dem Wasser ragen, entfernen.
- Unkraut und Algen entfernen.
- Uferboden feucht halten.

Küchengärten:

- Neue Blütenansätze von Kräutern entfernen.
- Lorbeerbäume schneiden.
- Buschige Kräuter schneiden, damit sie ihre kompakte Form behalten.

HERBST

Pflanzgefäße:

- Im Frühling blühende Lilien und Zwiebelblumen einsetzen.
- Frostempfindliche Stauden ins Haus bringen.
- Topfpflanzen regelmäßig wässern und düngen.
- Töpfe mit der Jahreszeit gemäßen Pflanzen füllen.
- Verwelkte Blütenköpfe weiterhin entfernen.

Beete und Rabatten:

- Unkraut regelmäßig entfernen.
- In Winter und Frühling blühende Lilien und Zwiebelblumen pflanzen.
- Verblühte Sommerblumen aus den Beeten entfernen.

- Stauden aus dem Boden nehmen und teilen.
- Abgestorbenen Wuchs von Stauden zurückschneiden.
- Aussaat von winterharten Einjährigen sorgt im nächsten Jahr für eine frühe Blüte.

Rasen:

- Neue Rasensoden verlegen oder Samen aussäen.
- Beschädigte Stellen ausbessern.
- Solange das Gras wächst, mähen; Höhe von 2 cm beibehalten.
- Im Frühling blühende Zwiebelpflanzen einsetzen.
- Bei Bedarf Rasen düngen.

Bäume und Sträucher:

- Laub zum Kompostieren sammeln.
- Wurzelnackte Bäume und Sträucher pflanzen.
- Um Bäume und Sträucher eine Schicht groben Mulch verteilen, der bei kaltem Wetter den Boden schützt.

Wassergärten:

- Frostempfindliche Pflanzen an einen frostfreien Platz bringen.
- Abgestorbene Blätter aus dem Wasser entfernen.

Küchengärten:

- Wuchernde Minze teilen.
- Aus Kräuterbeeten abgestorbene Triebe entfernen.
- Strauchartige Kräuter zurückschneiden.

WINTER
Pflanzgefäße:

- Das Wässern einstellen.
- Abgestorbene Beetpflanzen entfernen.

- Leere Töpfe in Seifenlauge reinigen.
- Pflanzgefäße während des Winters geschützt platzieren.
- Regenwasser entfernen, damit die Pflanzen relativ trocken stehen.
- Empfindliche Pflanzen ins Haus bringen.

Beete und Rabatten:

- Erde zwischen den Pflanzen verdichten.
- Abgestorbene Staudentriebe zurückschneiden.
- Die Bepflanzung für das nächste Jahr planen, Samen und Blumenzwiebeln bestellen.

Rasen:

- Bei kaltem, feuchtem Wetter den Rasen möglichst nicht betreten, da der Boden dadurch beschädigt wird.
- Den Rasenmäher säubern und überholen, bevor er den Winter über verstaut wird.

Bäume und Sträucher:

- Laub zum Kompostieren sammeln.
- Große Schneemengen von Hecken und Ästen entfernen.
- Wurzelnackte Heckenpflanzen, Bäume und Sträucher einsetzen.
- Kletterpflanzen einsetzen.
- Sträucher, die im Spätsommer blühen, schneiden.

Wassergärten:

- Filter der Wasserpumpe reinigen.
- Falls Fische vorhanden sind, dafür sorgen, dass in der Eisdecke des Teiches immer ein Loch ist.

Küchengärten:

- Den Boden um Obstbäume mit einer Mulchdecke versehen.
- Gegen Frost Kalte Kästen einsetzen.

Pflanzenempfehlungen

Die folgende Liste führt Pflanzen für bestimmte Standorte und Zwecke auf. Werden von einer Gattung mehrere Arten und Sorten empfohlen, so ist nur die Gattung angegeben. Sorten sind dann aufgeführt, wenn sie bestimmte Merkmale aufweisen. Bevor Sie jedoch eine Pflanze kaufen, gehen Sie sicher, dass sie auch für den vorgesehenen Platz geeignet ist.

Abkürzungen
B   Bäume
E   Einjährige/Zweijährige
I   Immergrüne
K   Kletterpflanzen
K/S   Kakteen/Sukkulenten
S   Stauden
S/E   Empfindliche Stauden, die als Einjährige gezogen werden
SG   Steingartenpflanzen
ST   Sträucher
W   Wasserpflanzen
Z   Zwiebel-, Rhizom- und Knollenpflanzen

GESTALTUNG MIT GEFÄSSEN

Gute Topfpflanzen
Acer palmatum 'Bloodgood' (Fächerahorn) [B]
Agapanthus (Schmucklilie), Arten und Sorten [S/E]
Anemone nemorosa (Buschwindröschen) [Z]
Argyranthemum, Arten und Sorten [S/E]
Bougainvillea (Bougainvillee), Arten und Sorten [K, I]
Buxus sempervirens, Sorten [ST]
Datura (Stechapfel), Arten und Sorten [S/E]
Fuchsia (Fuchsie), Arten und Sorten [ST]
Hebe (Strauchveronika), Arten und Sorten [ST, I]
Hedera (Efeu), Arten und Sorten [K, I]
Helichrysum petiolare [S/E]
Hosta (Funkie), Arten und Sorten [S]
Hyacinthus orientalis (Hyazinthe), Sorten [Z]
Jasminum polyanthum [K, ST]
Lathyrus odoratus (Wohlriechende Wicke) [E, K, S]
Laurus nobilis (Lorbeerbaum) [I, B]
Lavatera trimestris (Bechermalve) [E]
Ligustrum (Liguster), Arten und Sorten [I, ST]
Lilium (Lilie), Arten und Sorten [Z]
Lobelia erinus (Langstielige Lobelie) [S/E]
Narcissus (Narzisse), Arten und Sorten [Z]
Pelargonium (Pelargonie), Arten und Sorten [S/E]
Petunia (Petunie), Arten und Sorten [S/E]
Philadelphus microphyllus [ST]
Phyllostachys nigra (Schwarzrohrbambus) [I, ST]
Primula (Primel), Arten und Sorten [S]
Rosa 'Anna Pavlova' (Rose) [ST]
    R. 'Empereur du Maroc' [ST]
Senecio (Kreuzkraut), Arten und Sorten [S]
Tropaeolum majus (Kapuzinerkresse) [E]
Tulipa (Tulpe), Arten und Sorten [Z]
Viola-Wittrockiana-Hybride (Gartenstiefmütterchen) [Z]

Pflanzen für Blumenampeln
Bidens ferulifolia [S/E]
Convolvulus sabatius [S/E]
Diascia (Diascie), Arten und Sorten [E]
Felicia amelloides (Echte Kapaster) [S/E]
Fuchsia 'Jack Shahan' (Fuchsie) [ST]
Impatiens (Balsamine), Arten und Sorten [E]
Verbena (Verbene), Arten und Sorten [E]

Blattpflanzen für Töpfe
Actinidia kolomikta [K]
Agave (Agave), Arten und Sorten [S]
Anthriscus sylvestris 'Moonlit Night' (Wiesenkerbel) [S]
Arundinaria falconeri [S]
Arundo donax (Riesenschilf) [S]
Astelia nervosa [S]
Carex (Segge), Arten und Sorten [S]
Cedrus deodara 'Gold Mound' (Himalajazeder) [I, B]
Chamaecyparis pisifera 'Filifera Aurea' (Sawara-Scheinzypresse) [I, B]
Choisya ternata (Orangenblume) [I, ST]
Cordyline (Keulenlilie), Arten und Sorten [I, ST, B]
Cornus controversa (Pagodenhartriegel) [B]
Euonymus fortunei 'Silver Queen' (Kletter-Spindelstrauch) [I, ST]
Euphorbia rigida [I, S]
Garrya elliptica 'James Roof' [I, ST]
Juniperus communis 'Compressa' (Wacholder) [I, B]
Lamium maculatum (Gefleckte Taubnessel) [S]
Leymus arenarius [S]
Oxalis triangularis 'Cupido' [S]
Prunus lusitanica [I, ST]
Salvia officinalis (Gartensalbei) [ST]
    S. o. 'Purpurescens' [I, ST]
Spiraea (Spierstrauch), Arten und Sorten [ST]
Taxus (Eibe), Arten und Sorten [I, ST]

Blütenfarben von Topfpflanzen
Gelb, Orange und Rot
Abutilon (Schönmalve), Arten und Sorten [S]
Begonia (Begonie), Arten und Sorten [Z]
Callistemon (Zylinderputzer), Arten und Sorten [ST]
Canna (Blumenrohr), Arten und Sorten [Z]
Cheiranthus (Goldlack), Arten und Sorten [E]
Chrysanthemum (Wucherblume), Arten und Sorten [S/E]
Clianthus puniceus (Ruhmesblume) [I, ST]
Cosmos atrosanguineus [E]
Crocosmia (Montbretie), Arten und Sorten [Z]
Dahlia (Dahlie), Sorten [Z]
Hydrangea (Hortensie), Arten und Sorten [ST]
Lilium 'Citronella' (Lilie) [Z]
Mahonia (Mahonie), Arten und Sorten [I, ST]

Rosarot, Blau und Violettrot
Ageratum (Leberbalsam), Arten und Sorten [E]
Anemone coronaria (Kronenanemone) [Z]
Cosmos (Kosmee), Arten und Sorten [E]
Cynara cardunculus (Gemüseartischocke) [S]
Dianthus (Nelke), Arten und Sorten [E, S]
Dipsacus sativus (Weberkarde) [E]
Eryngium (Edeldistel), Arten und Sorten [S]
Helleborus (Nieswurz), Arten und Sorten [S]
Hypoestes (Hypoestes), Sorten [S/E]
Muscari (Traubenhyazinthe), Arten und Sorten [Z]
Myosotis (Vergissmeinnicht), Arten und Sorten [E, S]
Nicotiana (Ziertabak), Arten und Sorten [E, S]
Origanum laevigatum [S]

Weiß
Clematis marmoraria [I, ST]
Dicentra (Herzblume), Arten und Sorten [S]
Lilium candidum (Madonnenlilie) [Z]
Yucca recurvifolia [I, ST]

Jahreszeitliche Topfarrangements

Frühling
Crocus (Krokus), Arten und Sorten [Z]
Erythronium (Hundszahn), Arten und Sorten [Z]
Fritillaria imperialis (Kaiserkrone) [Z]
   F. michailovskyi [Z]
Hyacinthus 'L'Innocence' (Hyazinthe) [Z]
Iris bucharica, Juno-Gruppe [Z]
   I. magnifica, Juno-Gruppe [Z]
Narcissus 'February Gold' (Narzisse) [Z]
Tulipa 'Fancy Frills' (Tulpe) [Z]
Viola (Veilchen), Arten und Sorten [Z]

Sommer
Artemisia (Beifuß), Arten und Sorten [S]
Browallia speciosa (Browallie) [S]
Calendula officinalis (Gartenringelblume) [E]
Geranium (Storchschnabel), Arten und
   Sorten [S]
Gloriosa superba 'Rothschildiana' (Ruhmes-
   krone) [Z]
Kalanchoe (Kalanchoe), Sorten [S]
Lathyrus odoratus (Wohlriechende Wicke)
   [E, K, S]
Lilium longiflorum (Langblütige Lilie) [Z]
Malva sylvestris 'Primley Blue' (Algiermalve) [S]
Melianthus major (Honigstrauch) [S]
Osteospermum 'Whirligig' [S/E]
Rosa (Rose), Arten und Sorten [ST]
Tagetes (Studentenblume), Arten und Sorten [E]

Herbst
Acer (Ahorn), Arten und Sorten [B]
Callicarpa bodinieri 'Profusion' (Schönfrucht)
   [ST]
Cotoneaster horizontalis (Fächer-Zwergmispel)
   [ST]
Rosa virginiana [ST]

Winter
Corylus avellana 'Contorta' (Haselnuss) [ST]
Crocus laevigatus 'Fontenayi' [Z]
   C. x luteus (Gelber Krokus) [Z]
   C. tommasinianus albus (Elfenkrokus) [Z]
     C. t. 'Barr's Purple' (Elfenkrokus) [Z]
Cyclamen coum, Sorten [Z]
   C. persicum, Sorten [Z]
Eranthis hyemalis (Winterling) [Z]
Galanthus (Schneeglöckchen), Arten und
   Sorten [Z]
Skimmia japonica 'Tansley Gem' [I, ST]

Spezielle Pflanzen

Steingartenpflanzen
Campanula garganica 'Dickson's Gold' [S]
Sedum spathulifolium 'Purpureum' [S]
Sempervivum (Hauswurz), Arten und Sorten [S]

Kräuter
Artemisia (Beifuß), Arten und Sorten [S]
Ocimum (Basilikum), Arten und Sorten [E]
Petroselinum (Petersilie), Arten und Sorten [E]
Rosmarinus officinalis (Rosmarin) [ST]
Tanacetum parthenium (Mutterkraut) [S/E]
   T. vulgare (Rainfarn) [S]
Thymus (Thymian), Arten und Sorten [I, ST]

Duftpflanzen
Citrus, Arten und Sorten [ST]
Daphne bholua 'Jacqueline Postill' [I, ST]
Freesia (Freesie), Sorten [Z]
Gladiolus callianthus 'Murieliae' [Z]
Heliotropium (Heliotrop), Arten und Sorten [E]
Hoya (Wachsblume), Arten und Sorten [I, S]
Lavandula latifolia (Großer Speik) [I, ST]

DER BLÜHENDE GARTEN

Rabattenpflanzen
Achillea (Garbe), Arten und Sorten [S]
Agapanthus (Schmucklilie), Arten und Sorten [S]
Alchemilla mollis (Frauenmantel) [S]
Anemone-Japonica-Hybride (Herbstanemone) [S]
Artemisia (Beifuß), Arten und Sorten [S]
Aster novae-angliae (Raublattaster), Arten und
   Sorten [S]
   A. novi-belgii (Glattblattaster), Arten und
   Sorten [S]
Astilbe (Astilbe), Arten und Sorten [S]
Bergenia (Bergenie), Arten und Sorten [S]
Buxus sempervirens [ST]
Camellia (Kamelie), Arten und Sorten [I, ST]
Centaurea cyanus (Kornblume) [E]
Centranthus ruber (Spornblume) [S]
Cheiranthus (Goldlack), Arten und Sorten [E]
Clematis (Waldrebe), Arten und Sorten [K]
Cortaderia (Pampasgras), Arten und Sorten [S]
Crambe cordifolia (Riesenschleierkraut) [S]
Dahlia (Dahlie), Sorten [Z]
Daphne (Seidelbast), Arten und Sorten [I, ST]
Delphinium (Rittersporn), Arten und Sorten [S]
Dianthus (Nelke), Arten und Sorten [E, S]
Erigeron (Berufkraut), Arten und Sorten [S]
Eryngium pandanifolium [S]
Euphorbia (Wolfsmilch), Arten und Sorten [S]
Fuchsia (Fuchsie), Arten und Sorten [ST]
Genista (Ginster), Arten und Sorten [ST]
Geranium (Storchschnabel), Arten und Sorten [S]
Geum (Nelkenwurz), Arten und Sorten [S]
Gypsophila (Schleierkraut), Arten und Sorten [S]
Helenium (Sonnenbraut), Arten und Sorten [S]
Helianthemum (Sonnenröschen), Arten und
   Sorten [E, S]
Juniperus (Wacholder), Arten und Sorten [ST, B]
Kniphofia (Fackellilie), Arten und Sorten [S]

Lathyrus odoratus (Wohlriechende Wicke)
   [E, K, S]
Lavandula (Lavendel), Arten und Sorten [ST]
Lavatera, Arten und Sorten [E, S]
Leucanthemum, Arten und Sorten [S]
Liatris (Prachtscharte), Arten und Sorten [S]
Lobelia (Lobelie), Arten und Sorten [S]
Lupinus (Lupine), Arten und Sorten [S]
Macleaya (Federmohn), Arten und Sorten [S]
Malus floribunda [B]
Miscanthus sinensis [S]
Myosotis (Vergissmeinnicht), Arten und
   Sorten [E]
Nepeta (Katzenminze), Arten und Sorten [S]
Paeonia (Päonie), Arten und Sorten [S]
Papaver (Mohn), Arten und Sorten [E, S]
Phlomis anatolica [ST]
Phlox (Phlox), Arten und Sorten [S]
Phormium (Neuseeländer Flachs), Arten und
   Sorten [S]
Photinia villosa (Warzen-Glanzmispel) [ST]
Rhododendron (Alpenrose), Arten und
   Sorten [I, ST]
Rhus (Sumach), Arten und Sorten [ST, B]
Rosa (Rose), Arten und Sorten [K, ST]
Sedum spectabile (Prachtsedum) [S]
Tulipa (Tulpe), Arten und Sorten [Z]
Verbena bonariensis [S]
Viola-Wittrockiana-Hybride (Gartenstief-
   mütterchen) [E]

Bodendecker und Einfassungspflanzen
Anthemis punctata ssp. *cupaniana* [S]
Aubrieta (Blaukissen), Arten und Sorten [S]
Campanula poscharskyana (Hängepolster-
   Glockenblume) [S]
Corydalis (Lerchensporn), Arten und Sorten [S]
Dimorphotheca (Kapkörbchen), Arten und
   Sorten [S/E]
Galium odoratum (Waldmeister) [S]
Iris pseudacorus (Sumpfschwertlilie) [Z]
Lamium (Taubnessel), Arten und Sorten [S]
Petunia (Petunie), Arten und Sorten [E]
Rudbeckia (Sonnenhut), Arten und Sorten [S]
Symphytum grandiflorum [S]
Tanacetum, Arten und Sorten [S]
Viola tricolor (Stiefmütterchen) [S]

Pflanzen für den hinteren Rabattenrand
Alcea (Stockrose), Arten und Sorten [S]
Clematis alpina (Alpenwaldrebe), Sorten [K]
   C. florida 'Sieboldii' [K]
   C. 'Fuji-musume' [K]
   C. 'Madame Julia Correvon' [K]
   C. montana (Anemonenwaldrebe), Sorten [K]
   C. 'Pink Fantasy' [K]

Echinops ritro [S]
Foeniculum vulgare 'Purpureum' (Fenchel) [S]
Lonicera (Geißblatt), Arten und Sorten [K, ST]
Tropaeolum peregrinum [E, K]

Bäume und Sträucher

Abies koreana (Koreanische Tanne) [I, B]
Acer (Ahorn), Arten und Sorten [B]
Arbutus (Erdbeerbaum), Arten und
    Sorten [I, ST, B]
Calluna (Besenheide), Arten und Sorten [I, ST]
Carpinus betulus 'Fastigiata' (Weißbuche)
    [K, I, ST]
Catalpa bignonioides (Gewöhnlicher Trompeten-
    baum) [B]
Cedrus atlantica 'Glauca' (Atlaszeder) [B]
Corylus maxima 'Purpurea' (Lambertsnuss) [B]
Cryptomeria japonica 'Elegans Aurea' (Sichel-
    tanne) [I, B]
Cupressus sempervirens 'Swane's Gold' (Echte
    Zypresse) [I, B]
Erica (Glockenheide) [I, ST]
Euonymus (Spindelstrauch), Arten und
    Sorten [I, ST]
Hebe (Strauchveronika), Arten und
    Sorten [I, ST]
Helichrysum italicum [S]
Ilex (Stechpalme), Arten und Sorten [I, ST, B]
Magnolia (Magnolie), Arten und Sorten [B]
Potentilla fruticosa 'Primrose Beauty' (Finger-
    strauch) [ST]
Pyrus communis var. *sativa* (Birnbaum) [B]
Quercus (Eiche), Arten und Sorten [B]
Rosa 'Charles Rennie Mackintosh' (Rose) [ST]
    R. gallica 'Versicolor' (Essigrose) [ST]
    R. 'Graham Thomas' [ST]
    R. 'Mary Rose' [ST]
Rosmarinus officinalis (Rosmarin) [ST]
Santolina (Heiligenkraut), Arten und
    Sorten [I, ST]
Spiraea (Spierstrauch), Arten und Sorten
    [I, ST]
Styrax japonica [B]
Taxus (Eibe), Arten und Sorten [I, ST, B]
Thuja plicata (Riesenlebensbaum) [I, B]

Blühende Sträucher

Ceanothus (Säckelblume), Arten und
    Sorten [K, I, ST]
Daphne acutiloba [I, ST]
Fuchsia (Fuchsie), Arten und Sorten [ST]
Heliotropium arborescens 'Marine' [I, ST]
Hydrangea (Hortensie), Arten und
    Sorten [ST]
Rhododendron (Alpenrose), Arten und
    Sorten [I, ST]
Skimmia japonica [I, ST]
Viburnum tinus (Mittelmeerschneeball) [I, ST]

Panaschierte und silbrige Pflanzen

Aegopodium podagraria 'Variegatum' [S]
Berberis (Sauerdorn), Arten und Sorten [ST]
Convolvulus cneorum (Silberwinde) [ST]
Cornus (Hartriegel), Arten und Sorten [ST]
Cotoneaster atropurpureus 'Variegatus' [ST]
Euonymus fortunei 'Emerald 'n' Gold' (Kletter-
    Spindelstrauch) [ST]
    E. f. 'Harlequin' [I, ST]
Hedera colchica 'Dentata Variegata' (Kolchischer
    Efeu) [K, I]
Hosta fortunei 'Aureo Marginata' (Graublatt-
    funkie) [S]
Ilex aquifolium 'Silver Queen' [I, ST]
Lychnis coronaria (Vexiernelke), Sorten [S]
Matthiola incana (Levkoje) [S]
Mentha suaveolens 'Variegata' (Apfelminze) [S]
Santolina chamaecyparissus (Heiligenkraut) [ST]
Senecio 'Sunshine' (Kreuzkraut) [ST]
Weigela (Weigelie), Arten und Sorten [ST]

Stauden

Aconitum (Eisenhut), Arten und Sorten [S]
Alcea (Stockrose), Arten und Sorten [S]
Anchusa (Ochsenzunge), Arten und Sorten [S]
Aquilegia (Akelei), Arten und Sorten [S]
Aster (Aster), Arten und Sorten [S]
    A. novi-belgii (Glattblattaster), Sorten [S]
Astrantia (Sterndolde), Arten und Sorten [S]
Brunnera (Kaukasusvergissmeinnicht), Arten
    und Sorten [S]
Centaurea (Flockenblume), Arten und
    Sorten [S]
Crinum, Arten und Sorten [Z]
Dicentra (Herzblume), Arten und Sorten [S]
Digitalis (Fingerhut), Arten und Sorten [S]
Doronicum (Gemswurz), Arten und Sorten [S]
Echinacea, Arten und Sorten [S]
Eupatorium (Wasserdost), Arten und Sorten [S]
Festuca cinerea (Blauschwingel), Arten und
    Sorten [S]
Hosta (Funkie), Arten und Sorten [S]
Knautia macedonica (Rote Wildskabiose) [S]
Kniphofia (Fackellilie), Arten und Sorten [S]
Ligularia (Goldkolben), Arten und Sorten [S]
Lychnis coronaria (Vexiernelke), Sorten [S]
Meconopsis betonicifolia (Himalajamohn) [S]
    M. cambrica [S]
Papaver orientale (Türkischer Mohn) [S]
    P. o. 'Curlilocks' [S]
    P. o. 'Perry's White' [S]
    P. somniferum (Schlafmohn) [S]
Penstemon (Bartfaden), Arten und Sorten [S]
Physostegia (Gelenkblume), Arten und
    Sorten [S]
Polygonatum (Salomonssiegel), Arten und
    Sorten [Z]
Pulmonaria (Lungenkraut), Arten und Sorten [S]

Rudbeckia (Sonnenhut), Arten und Sorten [S]
Salvia involucrata 'Berthelii' [S]
    S. nemorosa (Sommersalbei) [S]
    S. patens [S]
Solidago (Goldrute), Arten und Sorten [S]
Verbascum (Königskerze), Arten und Sorten [S]
Viola cornuta (Hornveilchen), Sorten [S]

Einjährige, Zwiebel-, Rhizom- und Knollenpflanzen

Allium (Lauch), Arten und Sorten [Z]
Amaranthus (Amarant), Arten und Sorten [E]
Antirrhinum (Löwenmaul), Arten und
    Sorten [E]
Calendula officinalis (Gartenringelblume),
    Sorten [E]
Callistephus chinensis (Sommeraster), Sorten [E]
Campanula medium (Marienglockenblume),
    Sorten [E]
Chionodoxa forbesii, Sorten [Z]
Clarkia (Clarkie), Arten und Sorten [E]
Coreopsis (Mädchenauge), Arten und Sorten [E]
Cosmos (Kosmee), Arten und Sorten [E]
Crinum, Arten und Sorten [Z]
Crocosmia (Montbretie), Arten und Sorten [Z]
Crocus (Krokus), Arten und Sorten [Z]
Dahlia (Dahlie), Sorten [Z]
Dianthus barbatus (Bartnelke) [E]
Eschscholzia (Goldmohn), Arten und Sorten [E]
Gaillardia (Kokardenblume), Arten und
    Sorten [E]
Gladiolus (Gladiole), Arten und Sorten [Z]
Hyacinthoides non-scripta (Hasenglöckchen),
    Sorten [Z]
Hyacinthus orientalis (Hyazinthe), Sorten [Z]
Iris (Schwertlilie), Arten und Sorten [Z]
Lavatera, Arten und Sorten [E]
Lilium (Lilie), Arten und Sorten [Z]
Lunaria annua (Judassilberling) [E]
Matthiola (Levkoje), Arten und Sorten [E]
Muscari (Traubenhyazinthe), Arten und
    Sorten [E]
Narcissus (Narzisse), Arten und Sorten [Z]
Nemesia strumosa Carnival-Serie (Elfenspiegel)
    [E]
Nicotiana (Ziertabak), Arten und Sorten [E]
    N. sylvestris [E]
Nigella (Schwarzkümmel), Arten und Sorten [E]
Petunia (Petunie), Arten und Sorten [E]
Scilla siberica (Blausternchen), Sorten [Z]
Sternbergia (Sternbergie), Arten und Sorten [Z]
Tagetes (Studentenblume), Arten und Sorten [E]
Tulipa (Tulpe), Arten und Sorten [Z]
Tropaeolum (Kapuzinerkresse), Arten und
    Sorten [E]
Viola-Wittrockiana-Hybride (Gartenstief-
    mütterchen) [E]
Zinnia (Zinnie), Arten und Sorten [E]

Farbenprächtige Pflanzen

Warme Farben

Acacia dealbata [B]

Achillea filipendulina 'Gold Plate' [S]

Antirrhinum (Löwenmaul), Arten und Sorten [E]

Beta vulgaris 'Rhubarb Chard' (Mangold) [E]

Chrysanthemum (Wucherblume), Arten und Sorten [S]

Coreopsis tinctora [E]

Cornus (Hartriegel), Arten und Sorten [ST]

Crocosmia (Montbretie), Arten und Sorten [Z]

Dianthus (Nelke), Arten und Sorten [E]

Hemerocallis (Taglilie), Arten und Sorten [S]

Heuchera micrantha 'Palace Purple' [S]

Kniphofia (Fackellilie), Arten und Sorten [S]

Lilium (Lilie), Arten und Sorten [S]

Lupinus (Lupine), Arten und Sorten [S]

Lychnis chalcedonica (Brennende Liebe) [S]

Lysimachia (Felberich) [S]

Narcissus (Narzisse), Arten und Sorten [Z]

Papaver (Mohn), Arten und Sorten [E, S]

Rudbeckia (Sonnenhut), Arten und Sorten [S]

Solidago (Goldrute), Arten und Sorten [S]

Tagetes (Studentenblume), Arten und Sorten [E]

Tropaeolum (Kapuzinerkresse), Arten und Sorten [E]

Tulipa (Tulpe), Arten und Sorten [Z]

Verbascum (Königskerze), Arten und Sorten [S]

Kühle Farben

Agapanthus (Schmucklilie), Arten und Sorten [Z]

Allium aflatunense [Z]

   A. sphaerocephalon [Z]

Anchusa (Ochsenzunge), Arten und Sorten [S]

Aquilegia vulgaris (Akelei) [S]

Campanula (Glockenblume), Arten und Sorten [S]

Ceanothus (Säckelblume), Arten und Sorten [K, I, ST]

Clematis alpina 'Frances Rivis' (Alpenwaldrebe) [K]

   C. x *jackmanii* [K]

Delphinium (Rittersporn), Arten und Sorten [S]

Eranthis hyemalis (Winterling) [Z]

Heterocentron elegans [S]

Hosta 'Buckshaw Blue' (Funkie) [S]

   H. sieboldiana (Blaublattfunkie) [S]

Hyacinthus orientalis (Hyazinthe) [Z]

Hydrangea (Hortensie), Arten und Sorten [ST]

Iris (Schwertlilie), Arten und Sorten [Z]

   I. sibirica 'Perry's Blue' (Sibirische Schwertlilie) [Z]

Lamium maculatum (Gefleckte Taubnessel) [S]

Lewisia cotyledon [S]

Linum perenne (Staudenlein) [S]

Penstemon (Bartfaden), Arten und Sorten [S]

Rosa 'Ferdinand Pichard' (Rose) [ST]

   R. gallica 'Versicolor' (Essigrose) [ST]

   R. glauca [ST]

   R. 'The Fairy' [ST]

Scilla siberica (Blausternchen), Sorten [Z]

Syringa (Flieder), Arten und Sorten [B]

Thalictrum (Wiesenraute), Arten und Sorten [S]

Trachelium caeruleum [S]

Weiß und Grün

Acanthus (Akanthus), Arten und Sorten [S]

Alcea rosea (Stockrose), Sorten [S]

Anemone-Japonica-Hybride 'Honorine Jobert' (Herbstanemone) [S]

Astrantia (Sterndolde), Arten und Sorten [S]

Celmisia hookeri [S]

Cornus alba 'Elegantissima' (Tatarischer Hartriegel) [ST]

Digitalis (Fingerhut), Arten und Sorten [E, S]

Euphorbia characias ssp. *wulfenii* [I, S]

Foeniculum vulgare 'Purpureum' (Fenchel) [S]

Fritillaria pontica [Z]

   F. verticillata [Z]

Galanthus (Schneeglöckchen), Arten und Sorten [Z]

Galega officinalis 'Alba' [S]

Galium odoratum (Waldmeister) [S]

Hosta (Funkie), Arten und Sorten [S]

Hydrangea (Hortensie), Arten und Sorten [ST]

Iris pallida 'Variegata' [Z]

Lychnis coronaria 'Alba' (Vexiernelke) [S]

Moluccella laevis (Muschelblume) [E]

Narcissus (Narzisse), Arten und Sorten [Z]

Nicotiana 'Lime Green' (Ziertabak) [E]

Phormium (Neuseeländer Flachs), Arten und Sorten [I, ST]

Pittosporum (Klebsame), Arten und Sorten [I, ST]

Polygonatum (Salomonssiegel), Arten und Sorten [Z]

Rodgersia aesculifolia [S]

Rosa chinensis 'Viridiflora' (Bengalrose) [ST]

Smyrnium perfoliatum [S]

Viburnum opulus (Gemeiner Schneeball) [ST]

GARTENSTIL

Schöne Gartenpflanzen

Acer (Ahorn), Arten und Sorten [B]

Agapanthus (Schmucklilie), Arten und Sorten [Z]

Alcea (Stockrose), Arten und Sorten [S/E]

Alchemilla mollis (Frauenmantel), Arten und Sorten [S]

Antirrhinum (Löwenmaul), Arten und Sorten [E]

Aquilegia (Akelei), Arten und Sorten [S]

Arundinaria (Bambus), Arten und Sorten [ST]

Aster novae-angliae (Raublattaster), Sorten [S]

   A. novi-belgii (Glattblattaster), Sorten [S]

Bougainvillea (Bougainvillee), Arten und Sorten [K, I]

Buxus sempervirens, Sorten [I, ST]

Calendula officinalis (Gartenringelblume) [E]

Cheiranthus (Goldlack), Arten und Sorten [E]

Chimonanthus praecox (Winterblüte) [ST]

Choisya ternata (Orangenblume) [I, ST]

Clarkia (Clarkie), Sorten [E]

Clematis (Waldrebe), Arten und Sorten [K, S]

Crocus (Krokus), Arten und Sorten [Z]

Fuchsia (Fuchsie), Arten und Sorten [S]

Galanthus (Schneeglöckchen), Arten und Sorten [Z]

Geum (Nelkenwurz), Arten und Sorten [S]

Gloriosa superba (Ruhmeskrone) [Z]

Hebe (Strauchveronika), Arten und Sorten [ST]

Hedera (Efeu), Arten und Sorten [I, K]

Hyacinthus orientalis (Hyazinthe), Sorten [Z]

Iris (Schwertlilie), Arten und Sorten [Z]

Jasminum (Jasmin), Arten und Sorten [K, ST]

Laurus nobilis (Lorbeerbaum) [I, B]

Lavandula (Lavendel), Arten und Sorten [ST]

Lilium (Lilie), Arten und Sorten [Z]

Lonicera (Geißblatt), Arten und Sorten [K]

Muscari (Traubenhyazinthe), Arten und Sorten [Z]

Nigella damascena (Jungfer im Grünen) [E]

Pelargonium (Pelargonie), Arten und Sorten [S/E]

Petunia (Petunie), Arten und Sorten [E]

Phyllostachys (Bambus), Arten und Sorten [I, ST]

Rudbeckia (Sonnenhut), Arten und Sorten [S]

Santolina chamaecyparissus (Heiligenkraut) [ST]

Solidago (Goldrute), Arten und Sorten [S]

Taxus baccata (Gemeine Eibe) [I, ST]

Tropaeolum majus (Kapuzinerkresse) [E]

Tulipa (Tulpe), Arten und Sorten [Z]

Verbena (Verbene), Arten und Sorten [E]

Pflanzen für Pflaster und Wege

Ajuga reptans [S]

Chamaemelum nobile (Römische Kamille) [S]

Dianthus (Nelke), Arten und Sorten [E, S]

Meconopsis cambrica [S]

Mentha requienii [S]

Thymus serpyllum (Feldthymian) [I, S]

Viola odorata (Duftveilchen), Sorten [S]

   V. tricolor (Stiefmütterchen), Sorten [S]

Kletterpflanzen für Bogen, Mauern und Gitter

Ceanothus (Säckelblume), Arten und Sorten [K, I, ST]

Cissus rhombifolia (Russischer Wein) [K]

Clematis (Waldrebe), Arten und Sorten [K]

Hedera helix 'Arborescens' [I, K]

Humulus lupulus 'Aureus' (Gemeiner Hopfen) [K, S]

Parthenocissus henryana [K]

Passiflora caerulea (Blaue Passionsblume) [K]

Solanum crispum 'Glasnevin' (Nachtschatten) [K]
Wisteria (Glyzine), Sorten [K]

Bäume und Heckenpflanzen

Crataegus (Weißdorn), Arten und Sorten [B]
Elaeagnus x *ebbingei* (Ölweide) [I, ST]
Fagus sylvatica (Rotbuche) [B]
Ilex (Stechpalme), Arten und Sorten [I, B]
Ligustrum ovalifolium (Wintergrüner Liguster) [ST]
Mahonia x *media* 'Charity' [I, ST]
Taxus baccata (Gemeine Eibe) [I, ST]
Thuja plicata (Riesenlebensbaum) [I, B]

Pflanzen für Blickfänge

Allium (Lauch), Arten und Sorten [Z]
   A. giganteum (Riesenlauch) [Z]
Amelanchier lamarckii (Kupferfelsenbirne) [B]
Catalpa bignonioides (Gewöhnlicher Trompetenbaum) [B]
Cynara scolymus (Artischocke) [S]
Fagus sylvatica 'Pendula' (Rotbuche) [B]
Foeniculum vulgare 'Purpureum' (Fenchel) [S]
Laburnum (Goldregen), Arten und Sorten [B]
Liquidambar styraciflua (Amberbaum) [B]
Mahonia x *media* 'Charity' [I, ST]
Malus x *zumi* 'Golden Hornet' (Zierapfel) [B]
Miscanthus (Chinaschilf), Arten und Sorten [S]

Jahreszeitliche Effekte

Winter
Cornus (Hartriegel), Arten und Sorten [ST]
Eranthis hyemalis (Winterling) [Z]
Euonymus fortunei 'Emerald 'n' Gold' (Kletter-Spindelstrauch) [I, ST]
Galanthus (Schneeglöckchen), Arten und Sorten [Z]
Helleborus (Nieswurz), Arten und Sorten [S]
Ilex (Stechpalme), Arten und Sorten [B]
Mahonia x *media* 'Charity' [I, ST]
Picea (Fichte), Arten und Sorten [B]
Skimmia japonica [I, ST]
Stachyurus praecox (Japanische Schweifähre) [I, ST]
Viburnum tinus (Mittelmeerschneeball) [I, ST]

Frühling
Cheiranthus (Goldlack), Arten und Sorten [E]
Crocus (Krokus), Arten und Sorten [Z]
Forsythia (Forsythie), Arten und Sorten [ST]
Fritillaria meleagris (Schachbrettblume) [Z]
Lobularia maritima (Duftsteinrich) [E]
Myosotis (Vergissmeinnicht), Arten und Sorten [E, S]
Narcissus (Narzisse), Arten und Sorten [Z]
Philadelphus (Sommerjasmin), Arten und Sorten [ST]
Primula (Primel), Arten und Sorten [S]

Prunus (Zierkirsche), Arten und Sorten [B]
Tulipa (Tulpe), Arten und Sorten [Z]

Sommer bis Herbst
Acanthus (Akanthus), Arten und Sorten [S]
Aconitum (Eisenhut), Arten und Sorten [S]
Delphinium (Rittersporn), Arten und Sorten [S]
Helenium 'Crimson Beauty' (Sonnenbraut) [S]
Helianthus annuus (Sonnenblume) [E]
Lilium (Lilie), Arten und Sorten [Z]
Osteospermum, Arten und Sorten [S/E]
Papaver orientale (Türkischer Mohn) [S]
Pelargonium (Pelargonie), Arten und Sorten [S/E]
Rudbeckia (Sonnenhut), Arten und Sorten [S]

Pflanzen für sonnige Plätze

Agave (Agave), Arten und Sorten [K/S]
Allium (Lauch), Arten und Sorten [Z]
Ballota (Gottvergess), Arten und Sorten [S]
Cistus (Zistrose), Arten und Sorten [ST]
Cytisus (Geißklee), Arten und Sorten [ST]
Echinacea purpurea, Sorten [S]
Erigeron glaucus [SG]
Erinus alpinus (Alpenbalsam) [SG]
Eschscholzia (Goldmohn), Arten und Sorten [E]
Genista (Ginster), Arten und Sorten [ST]
Linum arboreum [SG]
Osteospermum, Arten und Sorten [S/E]
Rosmarinus officinalis (Rosmarin) [ST]
Salvia (Salbei), Arten und Sorten [ST]
Sedum (Fetthenne), Arten und Sorten [S]
Sempervivum (Hauswurz), Arten und Sorten [S]
Stachys byzantina (Wollziest), Arten und Sorten [S]
Thymus (Thymian), Arten und Sorten [E, S]

Pflanzen für schattige Plätze

Cyclamen (Alpenveilchen), Arten und Sorten [Z]
Digitalis Excelsior-Gruppe (Fingerhut) [S/E]
Elaeagnus (Ölweide), Arten und Sorten [I, ST]
Epimedium (Elfenblume), Arten und Sorten [S]
Erythronium (Hundszahn), Arten und Sorten [Z]
Euonymus fortunei (Kletter-Spindelstrauch), Sorten [I, ST]
Geranium (Storchschnabel), Arten und Sorten [S]
Helleborus (Nieswurz), Arten und Sorten [S]
   H. lividus [S]
Hosta (Funkie), Arten und Sorten [S]
Hyacinthoides non-scripta (Hasenglöckchen) [Z]
Hypericum (Johanniskraut), Arten und Sorten [S, ST]
Lythrum (Weiderich), Arten und Sorten [S]
Melissa officinalis (Zitronenmelisse) [S]
Myosotis (Vergissmeinnicht), Arten und Sorten [E, S]
Myrrhis odorata (Süßdolde) [S]
Paeonia (Päonie), Arten und Sorten [S]
Polypodium vulgare (Engelsüß) [S]
Primula (Primel), Arten und Sorten [S]

Pulmonaria rubra [S]
Soleirolia soleirolii (Bubiköpfchen) [S]

GARTENTHEMEN

Pflanzen für den Bauerngarten

Alcea rosea (Stockrose) [E, S]
Campanula (Glockenblume), Arten und Sorten [E]
Centaurea cyanus (Kornblume) [E]
Consolida ajacis (Gartenrittersporn) [S/E]
Delphinium (Rittersporn) [S]
Digitalis (Fingerhut), Arten [E, S]
Erigeron karvinskianus [S]
Lathyrus (Wicke), Arten [E, K, S]
Lavatera trimestris (Bechermalve) [E]
Matthiola (Levkoje), Arten und Sorten [E, S]
Rosa (Rose), Arten und Sorten [ST]
Salvia viridis (Buntschopfsalbei) [S/E]
Stachys byzantina (Wollziest) [S]
Verbascum (Königskerze) [S]

Duftpflanzen

Convallaria majalis (Maiglöckchen) [S]
Cytisus battandieri [ST]
Daphne (Seidelbast), Arten und Sorten [ST]
Dianthus (Nelke), Arten und Sorten [S]
Helichrysum italicum [S]
Heliotropium (Heliotrop), Arten und Sorten [E]
Jasminum officinale [K, ST]
Lathyrus odoratus (Wohlriechende Wicke) [E, K]
Lavandula (Lavendel), Arten und Sorten [S]
Lilium (Lilie), Arten und Sorten [Z]
Lonicera periclymenum (Waldgeißblatt) [K, ST]
Matthiola longipetala [E]
Oenothera (Nachtkerze), Arten und Sorten [E, S]
Philadelphus (Sommerjasmin), Arten und Sorten [ST]
Rosa 'Crépuscule' (Rose) [ST]
Syringa (Flieder), Arten und Sorten [B]
Viburnum (Schneeball), Arten und Sorten [ST]

Pflanzen für den Schnitt

Alchemilla mollis (Frauenmantel) [S]
Aquilegia (Akelei), Arten und Sorten [S]
Calendula officinalis (Gartenringelblume) [E]
Cynara cardunculus (Gemüseartischocke) [S]
Dahlia (Dahlie), Sorten [Z]
Daphne (Seidelbast), Arten und Sorten [I, ST]
Delphinium (Rittersporn), Arten und Sorten [S]
Forsythia (Forsythie), Arten und Sorten [ST]
Geranium (Storchschnabel), Arten und Sorten [S]
Helleborus niger (Christrose) [S]
Iris-Xiphium-Hybride [Z]
Lilium (Lilie), Arten und Sorten [Z]
Myosotis (Vergissmeinnicht), Arten und Sorten [E, S]

Nigella damescena (Jungfer im Grünen) [E]
Paeonia (Päonie), Arten und Sorten [S]
Philadelphus (Sommerjasmin), Arten und
  Sorten [ST]
Ranunculus (Hahnenfuß), Arten und Sorten [S]
Rosa (Rose), Arten und Sorten [ST]
Tulipa (Tulpe), Arten und Sorten [Z]

Pflanzen für Wasser- und Sumpfgärten
Acorus gramineus 'Variegatus' [W]
Caltha palustris (Sumpfdotterblume) [W]
Canna glauca [W]
Darmera peltata [W]
Dierama pulcherrimum [Z]
Eriophorum angustifolium [S]
Geum rivale (Bachnelkenwurz) [W]
Hemerocallis 'Stella de Oro' (Taglilie) [S]
Iris delavayi [Z]
  I. ensata Higo-Hybride (Japaniris) [Z]
  I. laevigata (Asiatische Sumpfiris) [Z]
  I. pallida [Z]
  I. pseudacorus (Sumpfschwertlilie) [Z, W]
    I. p. x *versicolor* [Z, W]
Ligularia, Arten und Sorten [S]
Lysichiton americanus (Gelbe Scheinkalla) [S]
Mentha aquatica (Bachminze) [W]
Nymphaea alba (Seerose) [W]
  N. 'Sunrise' (syn. *N.* 'Odorata Sulphurea
  Grandiflora') [W]
Pontederia cordata (Herzförmiges Hecht-
  kraut) [W]
Primula (Primel), Arten und Sorten [S]
Rheum (Rhabarber), Arten und Sorten [S]
Rodgersia (Schaublatt), Arten und Sorten [S]
Typha minima [W]

Pflanzen für trockene Plätze
Aeonium arboreum 'Zwartkop' [K/S]
Allium (Lauch), Arten und Sorten [Z]
Armeria (Grasnelke) [E, S]
Carnegiea gigantea (Saguaro-Kaktus) [K/S]
Echeveria (Echeverie), Arten und Sorten [K/S]
Eryngium (Edeldistel), Arten und Sorten [S]
  E. agavifolium [S]
Euphorbia (Wolfsmilch), Arten und Sorten [I, S]
Geranium 'Ann Folkard' (Storchschnabel) [S]
Hebe (Strauchveronika), Arten und
  Sorten [I, ST]
Hordeum jubatum (Männergerste) [S/E]
Opuntia (Feigenkaktus) [K/S]
Sempervivum (Hauswurz), Arten und
  Sorten [K/S]
Stipa gigantea (Riesenfedergras) [S]
Thamnocalamus murieliae 'Simba' [I, ST]
Thymus (Thymian), Arten und Sorten [I, ST]
Yucca gloriosa [I, ST]
  Y. whipplei [I, ST]

Blütenpflanzen für den Schatten
Anemone nemorosa (Buschwindröschen) [Z]
Arum italicum [Z]
Cyclamen coum, Sorten [Z]
  C. hederifolium, Sorten [Z]
Digitalis (Fingerhut), Arten und Sorten [E, S]
Erythronium (Hundszahn), Arten und Sorten [Z]
Galanthus (Schneeglöckchen), Arten und
  Sorten [Z]
Hedera (Efeu), Arten und Sorten [I, K]
Helleborus (Nieswurz), Arten und Sorten [S]
Hosta (Funkie), Arten und Sorten [S]
Hyacinthoides non-scripta (Hasenglöckchen) [Z]
Hydrangea (Hortensie), Arten und Sorten [ST]
Laburnum (Goldregen), Arten und Sorten [B]
Lunaria annua (Judassilberling) [E]
Myosotis (Vergissmeinnicht), Arten und Sorten [E]
Polygonatum (Salomonssiegel), Arten und
  Sorten [Z]
Primula (Primel), Arten und Sorten [S]
  P. vulgaris (Kissenprimel) [S]
Pulmonaria (Lungenkraut), Arten und Sorten [S]
Rhododendron (Alpenrose), Arten und
  Sorten [I, ST]
Rosa 'Madame Alfred Carrière' (Rose) [ST]
  R. canina (Hundsrose) [K]
Sambucus nigra (Schwarzer Holunder) [B]
Sisyrinchium (Binsenlilie), Arten und Sorten [S]
Trillium (Dreiblatt), Arten und Sorten [S]
Vinca major [I, S]
Viola odorata (Duftveilchen) [S]

Pflanzen für Wildblumenwiesen
Anthriscus sylvestris (Wiesenkerbel) [S]
Centaurea cyanus (Kornblume) [E]
Chamaemelum nobile (Römische Kamille) [S]
Leucanthemum vulgare (Wiesenmargerite) [S]
Lychnis flos-cuculi (Kuckucksblume) [S]
Malva moschata (Moschusmalve) [S]
Papaver rhoeas (Klatschmohn) [E]
Polemonium (Jakobsleiter), Arten und Sorten [S]
Ranunculus (Hahnenfuß), Arten und Sorten [S]
Silene dioica [S]
Verbascum (Königskerze), Arten und Sorten [S]
Viola tricolor (Stiefmütterchen) [S]

Pflanzen, die Tiere anlocken
Achillea (Garbe), Arten und Sorten [S]
Asclepias (Seidenpflanze), Arten und Sorten [S]
Aster novi-belgii (Glattblattaster) [S]
Buddleja (Schmetterlingsstrauch), Arten und
  Sorten [ST]
Corylus (Haselnuss), Arten und Sorten [B]
Eupatorium (Wasserdost), Arten und Sorten [S]
Euphorbia (Wolfsmilch), Arten und Sorten [I, S]
Fagus (Buche), Arten und Sorten [B]
Fritillaria (Fritillarie), Arten und Sorten [Z]
Ilex (Stechpalme), Arten und Sorten [B]

Leucanthemum-Maximum-Hybride
  (Margerite) [S]
Lychnis flos-cuculi (Kuckucksblume) [S]
Nymphaea (Seerose), Arten und Sorten [W]
Papaver (Mohn), Arten und Sorten [S]
Phacelia tanacetifolia (Büschelschön) [E]
Phlox (Phlox), Arten und Sorten [S]
Primula veris (Schlüsselblume) [S]
Quercus (Eiche), Arten und Sorten [B]
Salvia officinalis (Gartensalbei) [ST]
Sambucus nigra (Schwarzer Holunder) [B]
Sedum spectabile (Prachtsedum) [S]
Thymus (Thymian), Arten und Sorten [I, ST]
Trifolium (Klee), Arten und Sorten [S]

Kräuter für den Küchengarten
Allium schoenoprasum (Schnittlauch) [Z]
Anethum graveolens (Ackerdill) [E]
Borago officinalis (Borretsch) [E]
Chamaemelum nobile (Römische Kamille) [S]
Foeniculum vulgare (Fenchel) [S]
Laurus nobilis (Lorbeerbaum) [I, B]
Mentha (Minze), Arten und Sorten [S]
Ocimum basilicum (Basilikum) [E]
Origanum (Dost), Arten und Sorten [S]
Petroselinum (Petersilie), Arten und Sorten [E]
Rosmarinus officinalis (Rosmarin) [ST]
Salvia (Salbei), Arten und Sorten [ST]
Thymus (Thymian), Arten und Sorten [I, S]

Gemüse, Salat und Obst
Allium cepa (Zwiebel)
Asparagus officinalis (Spargel)
Beta vulgaris 'Rhubarb Chard' (Mangold)
Brassica oleracea (Kohl)
Capsicum annuum (Paprika)
Cichorium endivia (Endivie)
Cucumis sativus (Gurke)
Cucurbita (Kürbis)
Daucus carota (Mohrrübe)
Ficus carica (Feigenbaum)
Fragaria x *ananassa* (Erdbeere)
Lactuca sativa (Salat)
Lycopersicon esculentum (Tomate)
Malus domestica (Apfelbaum)
Pisum sativum (Erbse)
Prunus armeniaca (Aprikose)
  P. cerasus 'Morello' (Sauerkirsche)
  P. domestica (Pflaume)
  P. persica (Pfirsich)
    P. p. var. *nucipersica* (Nektarine)
Pyrus communis var. *sativa* (Birne)
Raphanus sativus var. *sativus* (Radieschen)
Ribes uva-crispa (Stachelbeere)
Rubus fruticosus (Echte Brombeere)
  R. idaeus (Himbeere)
Solanum tuberosum (Kartoffel)
Vicia faba (Dicke Bohne)

Register

Kursiv gesetzte Seitenzahlen beziehen sich auf Bildlegenden.

Danksagung

Der Verlag dankt allen, die dazu beigetragen haben, dieses Buch zu realisieren. Besonderer Dank gilt Brian Mathew, Janet Swarbrick, Sorcha Hitchcox und Ingrid Lock für ihre Geduld und Schnelligkeit. Den folgenden Fotografen, die die herrliche Auswahl an Bildern zur Verfügung gestellt haben, sei ebenfalls herzlich gedankt.

BILDNACHWEIS

Die urheberrechtlich geschützten Fotografien werden mit der freundlichen Genehmigung folgender Fotografen veröffentlicht:

Andrew Lawson S. 19 (unt.), S. 39 (ob., unt.), S. 48 (unt. re.), S. 53 (re.), S. 56 (ob., li.), S. 58 (unt. li., unt. re.), S. 60 (unt. re.), S. 80, S. 89 (unt. re.), S. 94, S. 98 (li.), S. 107 (unt. li.), S. 108, S. 121, S. 132 (re.), S. 157 (ob., li.), S. 165 (unt.), S. 193 (ob., re.), S. 254 (unt. re.), S. 265 (re.), S. 286 (ob., re.), S. 287 (unt. li.), S. 301 (li.), S. 361 (ob., li.).

John Feltwell S. 134 (unt. re.), S. 135 (ob., re.), S. 144/145 (ob.), S. 149, S. 151 (ob., re.), S. 156, S. 165 (ob., re.), S. 219 (unt.), S. 249 (unt.), S. 266 (unt. li., unt. re.), S. 291 (re.), S. 337 (unt. re.).

John Hedgecoe S. 7 (unt.), S. 27 (unt. re.), S. 29, S. 134 (ob. Mi.), S. 139 (unt.), S. 145 (unt.), S. 153 (unt. li.), S. 162 (ob., unt.), S. 176/177, S. 186 (unt. li.), S. 190 (unt. li.), S. 198 (ob., re.), S. 235 (unt.), S. 240 (ob.), S. 246, S. 264 (ob., unt.), S. 272 (ob.), S. 279 (ob.), S. 296, S. 302 (unt. li.), S. 311, S. 316 (ob., li.), S. 319, S. 321, S. 332 (unt.), S. 335 (ob. re., unt.), S. 353 (ob., unt.), S. 360 (unt. re.), S. 367 (re.), S. 370/371, S. 371 (unt.), S. 372 (ob., unt.), S. 373, S. 374/375, S. 378 (unt. li.), S. 380, S. 381, S. 382 (unt. re.), S. 384, S. 385, S. 387 (ob.), S. 393 (ob., re.), S. 396, S. 405 (unt. re.), S. 412 (ob., re.).

Clive Nichols Schutzumschlag vorn (ob., re.), Schutzumschlag hinten, S. 15 Design: Keeyla Meadows, S. 22, S. 47 (ob., re.) Garten: Bourton House, Glos, S. 51 (unt. re.), S. 52/53 Design: Bunny Guinness, S. 58 (ob., li.) Garten: Old Rectory, Berks, S. 59 Design: Anthony Noel, S. 60 (ob., li.) Design: Geoff Whitten, S. 64 (ob., li.) Design: Christian Wright, S. 66 Garten: Chenies Manor, Bucks, S. 69 Design: Clive Nichols, S. 70 (unt. li.) Design: Jane & Clive Nichols, S. 74 (unt. li.) Design: Anthony Noel, S. 81, S. 92 (ob.) Design: Clive Nichols, S. 103 © Graham Strong, S. 106, S. 110 Design: Suzanne Porter, S. 122/123 Design: A. Lennox-Boyd, S. 123, S. 124 (ob., li.) Design: Olivia Clark, S. 124 (unt. re.), S. 125 (unt. re.) Garten: Hadspen Garden, Somerset, S. 141 Design: Suzanne Porter, S. 147 (ob., li.) Garten: Greatham Mill, Hants, S. 161 (unt.), S. 163 Garten: The Anchorage, Kent, S. 170 (ob.), S. 178, S. 184 (ob.) Design: A. Lennox-Boyd, S. 191 Garten: Chenies Manor, Bucks, S. 202 Garten: Hadspen Garden, Somerset, S. 205 (ob., re.) Garten: Chenies Manor, Bucks, S. 206 (unt. li.), S. 210 (li.), S. 212 (unt. re.) Garten: Sticky Wicket, Dorset, S. 216 Garten: Chenies Manor, Bucks, S. 218 (ob.) Garten: Chenies Manor, Bucks, S. 232 Design: Olivia Clark, S. 236 Design: Olivia Clark, S. 237 (ob.) Design: Lisette Pleasance, S. 239 (unt.), S. 240 (unt.), S. 241 Design: Herr Fraser/J. Treyer-Evans, S. 244 (Mi.) Design: Anthony Noel, S. 247 (unt. li.) Design: Anthony Noel, S. 252 (unt. re.) Design: Olivia Clark, S. 258 (ob., li.) Design: Nicholas Roeber, S. 261 (ob., li.) Design: Keeyla Meadows, S. 262 (ob., li.), S. 267 Garten: Vale End, Surrey, S. 294 (unt.) Garten: The Old Vicarage, Norfolk, S. 295 Garten: Hadspen Garden, Somerset, S. 305, S. 307 (unt.) Garten: Chenies Manor, Bucks, S. 312 Garten: Eastgrove Cottage, Worcs, S. 316 (unt. li.) Garten: Copton Ash, Kent, S. 320 (li.) Garten: Beth Chatto Garden, Essex, S. 339, S. 343 Garten: The Old Vicarage, Norfolk, S. 359 (unt.) Design: Herr Fraser/J. Treyer-Evans, S. 362 (li.) Design: Ann Frith, (re.) Design: Christian Wright, S. 365 Design: Lucy Smith, S. 378/379 (Mi.) Garten: Turn End Garden, Bucks, S. 383 (ob.) Design: Claus Scheinert, S. 387 (Mi. li., Mi. re.), S. 409, S. 410/411 Design: HMP Leyhill, S. 426 (ob., li.) Design: HMP Leyhill.

Howard Rice S. 174/175, S. 228, S. 231, S. 313, S. 317, S. 322 (ob., li.), S. 324, S. 329.

Steve Wooster Schutzumschlag vorn (ob. li., Mi. li., Mi. re., unt. li.), Schutzumschlagklappe hinten, S. 2, S. 6/7, S. 9, S. 10 (li., re.), S. 11, S. 12, S. 13, S. 14 (re.), S.18/19, S. 20 (ob., li.), S. 23 (unt. re.) Design: Annie Wilkes, S. 24 (ob., unt.), S. 25, S. 26, S. 28, S. 30, S. 32/33, S. 34, S. 35 (unt. li.), S. 36, S. 38 (ob.) Design: Dan Pearson, S. 42/43, S. 45 (ob., re.), S. 48 (ob., li.), S. 49, S. 50, S. 55 (unt. re.), S. 57, S. 61, S. 63 (ob., re.), S. 64 (unt. li.), S. 65, S. 67 (ob., re.), S. 68 (li.), S. 71 (re.) Design: Paul Cooper, S. 75 Design: Bunny Guinness/Wye Vale, S. 76, S. 77 (ob., li.), S. 78/79, S. 83 (unt. re.), S. 84 (li.), S. 87, S. 88, S. 90 (ob., re.), S. 91 Design: Liz Morrow, S.100/101, S. 102 (ob., unt.), S. 107 (Mi. re.), S. 111, S. 112, S. 114 (ob.), S. 116 Design: Anthony Noel, S. 117 (unt. re.), S. 118/119, S. 125 (ob.), S. 126 (ob., li.), S. 127, S. 129, S. 131 (unt. li.), S. 133, S. 134 (li.), S. 137, S. 138, S. 142/143, S. 146, S. 152, S. 153 (Mi. re.), S. 158, S. 160/161, S. 164 (unt. re.), S. 167, S. 168, S. 173, S. 180, S. 183, S. 189 (ob.), S. 194/195, S. 196 (ob., re.), S. 199, S. 200 (li.), S. 207 (ob., re.), S. 209, S. 213, S. 214 (li.), S. 217 (unt. re.), S. 220 (unt. li.), S. 221, S. 222 (li.), S. 225, S. 226/227, S. 230 (ob., li.), S. 230 (unt. re.) Design: Anthony Noel, S. 233, S. 234 Design: Hailstone Landscaping, S. 235 (ob.), S. 238 (unt.), S. 239 (ob.), S. 242 Design: Henk Weijers, S. 243, S. 245, S. 247 (ob., re.), S. 248/249, S. 250, S. 251 (unt. li.), S. 252 (ob., li.), S. 253, S. 254 (unt. li.), S. 255 Design: Anthony Noel, S. 256 (ob.), S. 257, S. 258 (unt. li.), S. 259, S. 260, S. 266 (ob., li.), S. 269 (ob. li., unt.), S. 270/271, S. 273 (ob.), S. 274, S. 275 (li., re.), S. 277, S. 280 (ob.), S. 281 (ob.), S. 283, S. 284, S. 285 (li.), S. 286 (ob., li.), S. 288, S. 289 (ob., re.) Design: Jan & Brian Oldham, S. 290/291, S. 292 (li., re.), S. 293 (unt.), S. 294 (ob.), S. 297 (li.), S. 300, S. 304, S. 309, S. 314 (unt. li.), S. 315 (ob., re.), S. 318, S. 323 Design: Anthony Noel, S. 330/331, S. 332 (ob.), S. 333 (unt.), S. 334, S. 337 (ob.), S. 338, S. 340 (ob., unt.), S. 341 (unt.), S. 342 (unt.), S. 344 (ob., re.), S. 347, S. 349 (ob., re.), S. 350/351, S. 352, S. 354, S. 355, S. 356, S. 357, S. 358 (unt.), S. 360 (ob., li.), S. 363, S. 364 (ob., re.), S. 366 (re.), S. 368 (ob.), S. 369 (ob.), S. 377, S. 382 (ob.), S. 383 (unt. re.), S. 386, S. 388/389, S. 390 Design: Anthony Noel, S. 391 (unt. li.), S. 392, S. 393 (unt. li.), S. 394 (ob., li.), S. 395 (unt. re.), S. 397, S. 398 (ob., li.), S. 399 (ob.), S. 400 (ob. li., unt. li.), S. 402/403 (Mi.), S. 404, S. 406, S. 407 (unt. re.), S. 413, S. 415, S. 416, S. 420 (re.), S. 424 (ob. li., re.), S. 425 (unt. li.), S. 427 (unt.), S. 428.